EUROPA-LEHRMITTEL

EUROPA FACHBUCHREIHE
für Berufe im Gesundheitswesen

Paul Gebhardt
Sylvana Bardl

Anatomie-Zeichenblätter

für den Unterricht

11. Auflage

VERLAG EUROPA-LEHRMITTEL · Nourney, Vollmer GmbH & Co. KG
Düsselberger Straße 23 · 42781 Haan-Gruiten

Europa-Nr.: 68064

Autoren:
Paul Gebhardt
Sylvana Bardl (Zeichnungen)

11. Auflage 2016
Druck 5 4 3 2

Alle Drucke derselben Auflage sind parallel einsetzbar, da sie bis auf die Behebung von Druckfehlern untereinander unverändert sind.

ISBN 978-3-8085-6807-1

http://www.europa-lehrmittel.de
Satz: Typework Layoutsatz & Grafik GmbH, 86167 Augsburg
Umschlag: tiff.any GmbH, 10999 Berlin
Umschlagfoto: Benno Buir, Solingen
Druck: Medienhaus Plump GmbH, 53619 Rheinbreitbach

Ansicht von dorsal

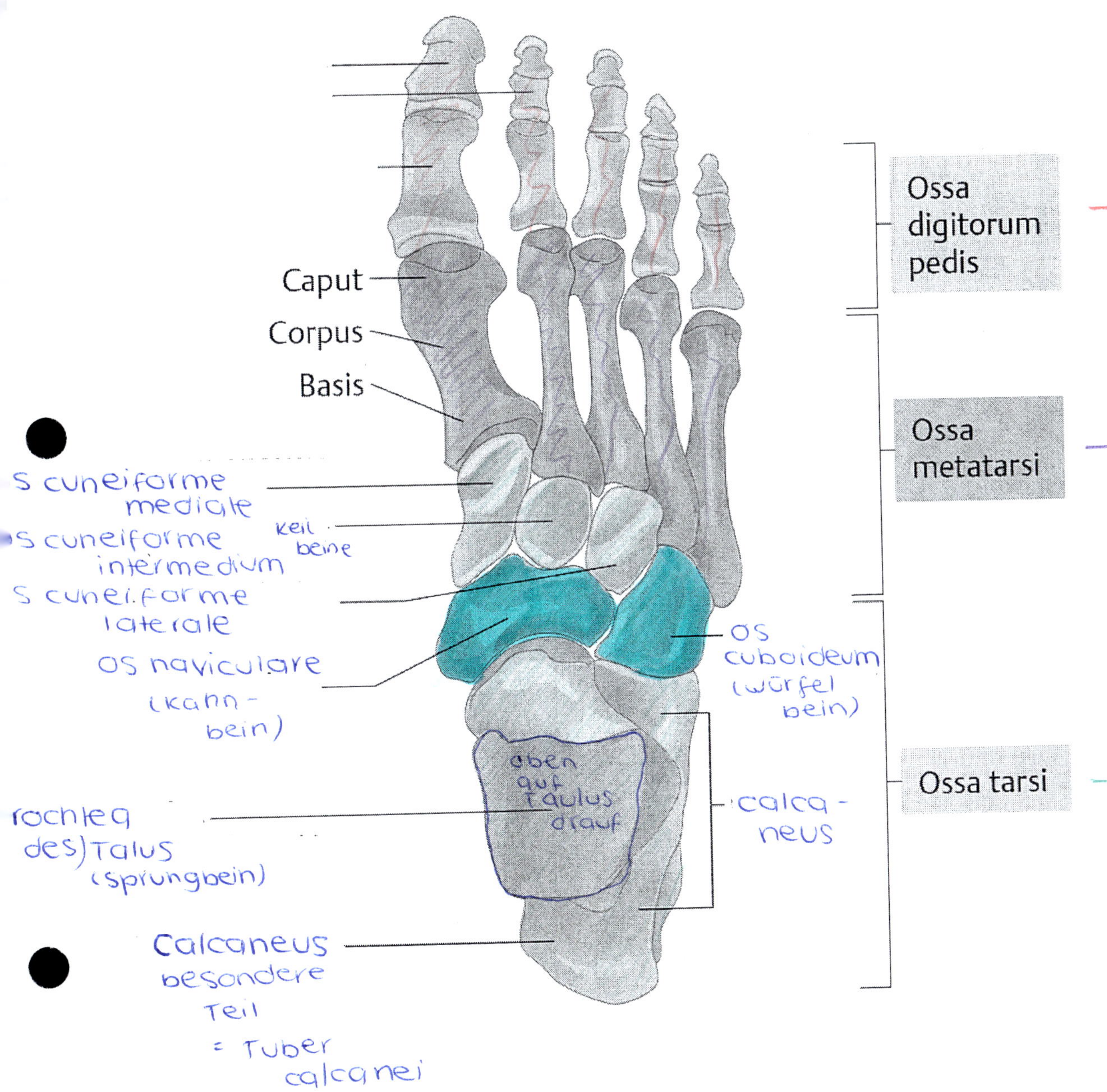

http://carsmalvorlage.tech/wp-content/uploads/2018/11/fusknochen-ossa-pedis-via-medici-bestimmt-fur-anatomie-fusknochen.png

Vorwort

Die Anatomie-Zeichenblätter richten sich an alle Lernenden an Pflege- und Gesundheitsschulen sowie in der Ausbildung im medizinisch-pflegerischen Bereich. Den Zeichenblättern liegt der Gedanke zugrunde, durch farbiges Ausmalen der Abbildungen und korrekte Benennung der anatomischen Begriffe, den Schülerinnen und Schülern auf spielerische Weise Kenntnisse vom Bau des menschlichen Körpers zu vermitteln.

Die Hinweislinien an den Zeichnungen sind bewusst farbig gehalten, um die Endpunkte exakt ablesen zu können. Für die Beschriftungen steht auf der gegenüberliegenden Seite ausreichend Platz zur Verfügung und durch die bereits vorgedruckten Zahlen der einzelnen Hinweislinien ist die Zuordnung der Begriffe leicht und übersichtlich.
Zusätzlich hervorgehobene Strukturen gewährleisten die Anwendung im physiotherapeutischen und geburtshilflichen Bereich.

Die Anatomie-Zeichenblätter orientieren sich am Buch „Biologie, Anatomie, Physiologie – Lehrbuch und Atlas“ (Europa-Nr. 67975). Durch verbale und bildhafte Kommunikation sollen beim Einsatz im Unterricht übergreifende Zusammenhänge erfasst und vertieft werden. Im Lösungsheft zu den Anatomie-Zeichenblättern (Europa-Nr. 68095) werden alle Begriffe überwiegend in der Fachsprache und in Deutsch zur Eigenkontrolle und zum Selbststudium aufgeführt.

Zusammen bilden die im Verlag erschienenen Titel

- „Biologie, Anatomie, Physiologie – Lehrbuch und Atlas“
- „Anatomie-Zeichenblätter für den Unterricht“ (und Lösungsheft mit Fachbezeichnungen)
- „Arbeitsbuch Anatomie/Physiologie“ (und Lösungen)

ein umfassendes Lernprogramm der Anatomie.

Verlag und Autoren wünschen allen Lernenden viel Erfolg bei der Arbeit mit den Zeichenblättern.

Sommer 2016

Inhaltsverzeichnis

Inhaltsverzeichnis

- Alle Bezeichnungen, die in die Anatomie-Zeichenblätter eingetragen werden, können im zugehörigen „Lösungsheft Anatomie-Zeichenblätter“ (Europa-Nr. 68095) auf ihre Richtigkeit überprüft werden. Darüber hinaus eignet sich die im Lösungsheft abgedruckte Legende mit weit über 1.000 Stichwörtern und Erläuterungen hervorragend, das Wissen um die medizinischen Fachausdrücke in lateinischer und deutscher Sprache zu vertiefen.

- Der folgende zu allen Abbildungen festgehaltene Hinweis

  (Beispiel) „Biologie, Anatomie, Physiologie – Lehrbuch und Atlas“
  ⇨ Kapitel 5 – Stütz- und Bewegungssystem

  gibt an, in welchem Kapitel im Lehrbuch „Biologie, Anatomie, Physiologie“ (Europa-Nr. 67975) weitere detaillierte Lerninhalte zum jeweils genannten Themenbereich nachgelesen werden können.

Abb. 1

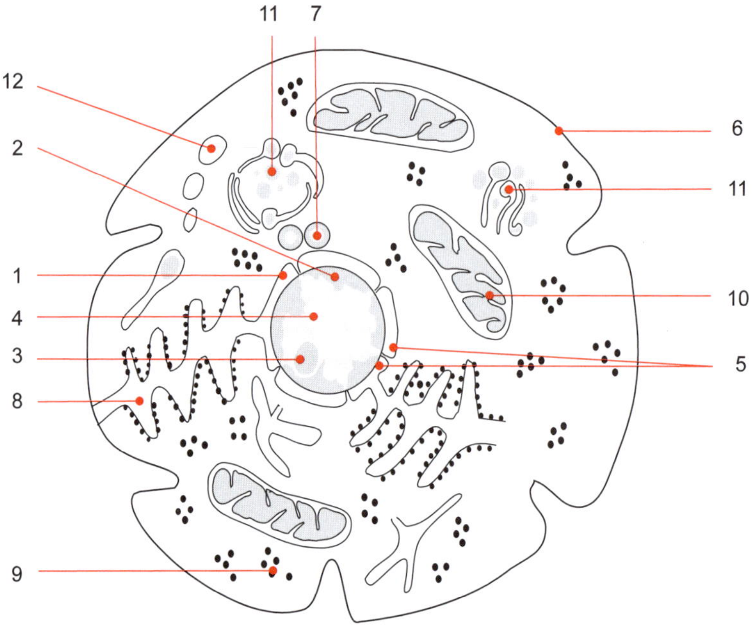

Abb. 2

Abb. 3

Abb. 4

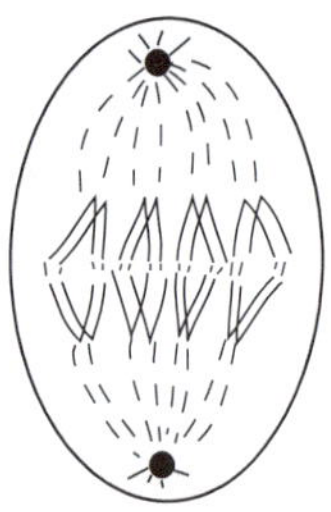

Abb. 5

Abb. 6

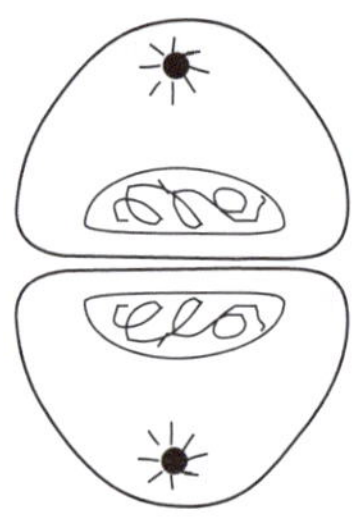

Abb. 7

Abb. 8

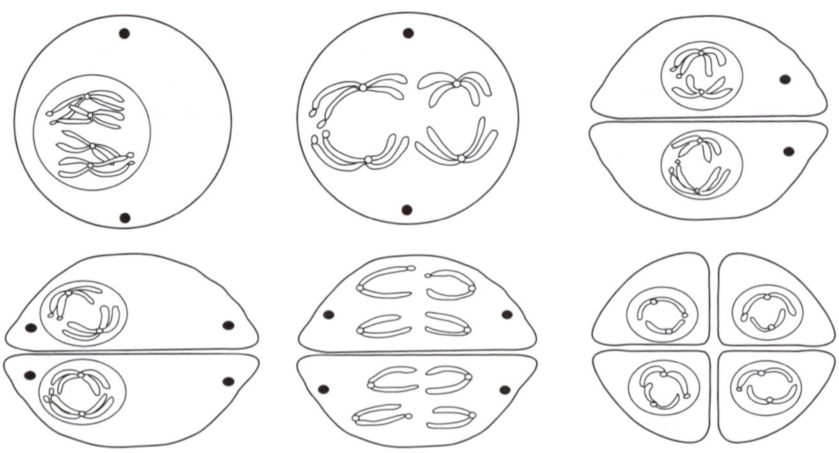

Zytologie und Histologie

Zelle und Formen der Zellteilung

Abb. 1

1

2

3

4

5

6

7

8

9

10

11

12

Abb. 2–7

Abb. 8

Notizen:

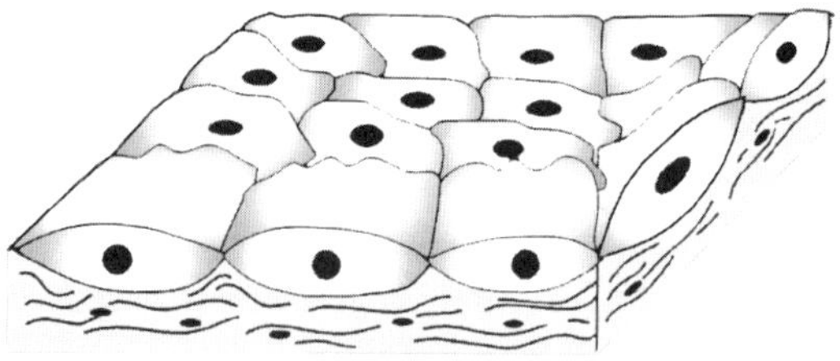

Abb. 9

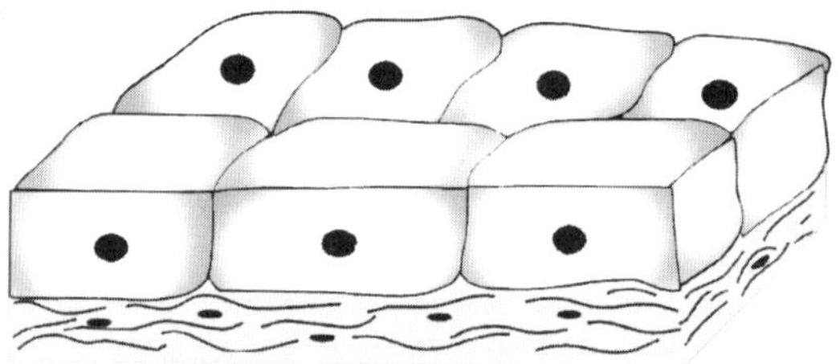

Abb. 10

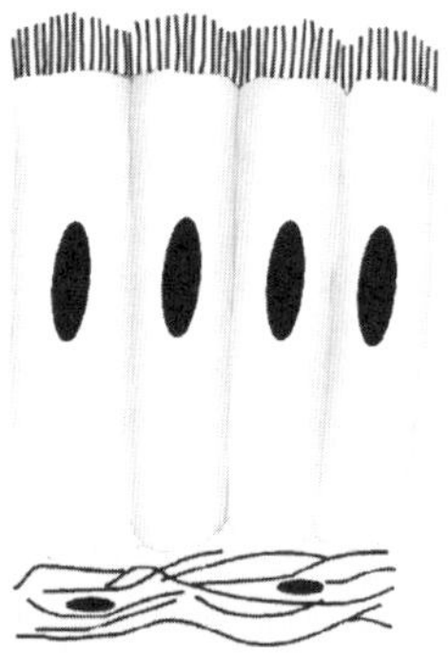

Abb. 11

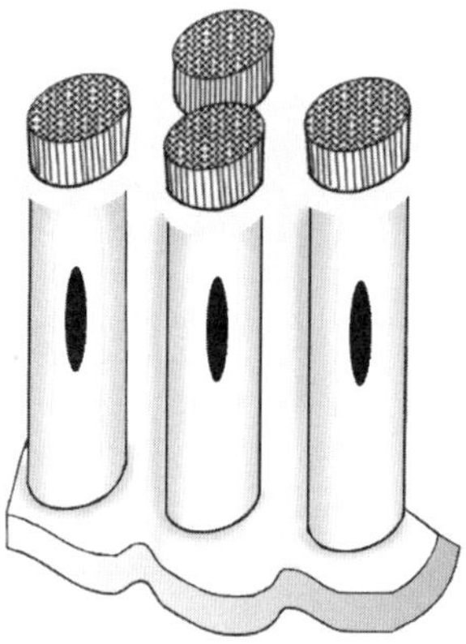

Abb. 12

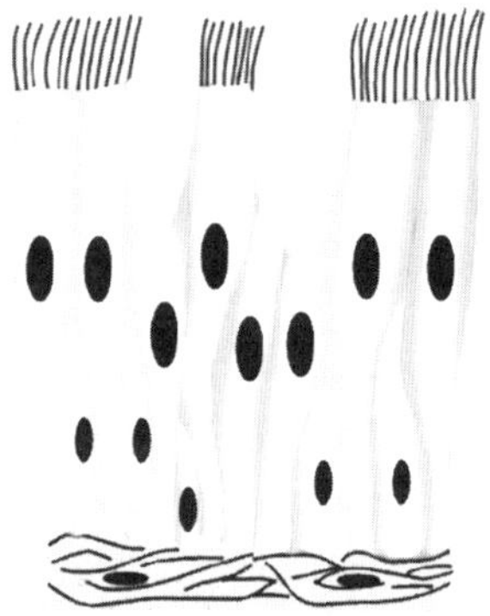

Abb. 13

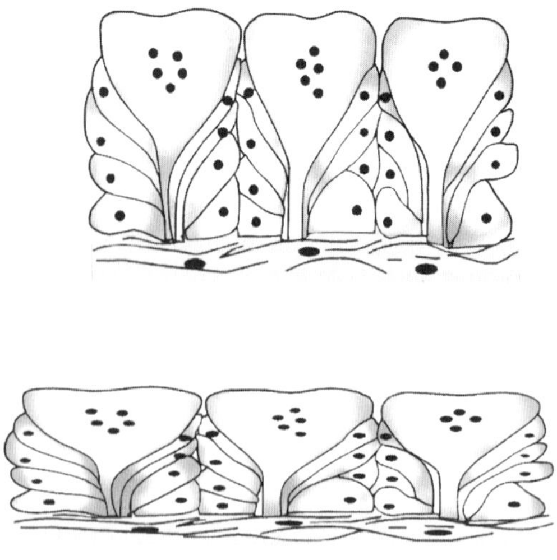

Abb. 14

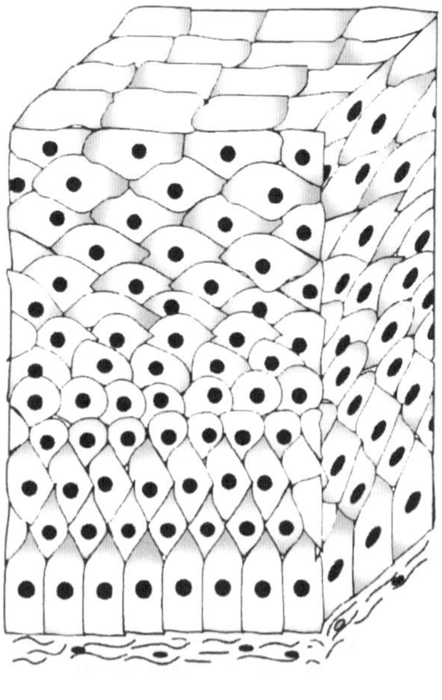

Abb. 15

Zytologie und Histologie

Epithelgewebe

Abb. 9

Abb. 10

Abb. 11

Abb. 12

Abb. 13

Abb. 14

Abb. 15

Notizen:

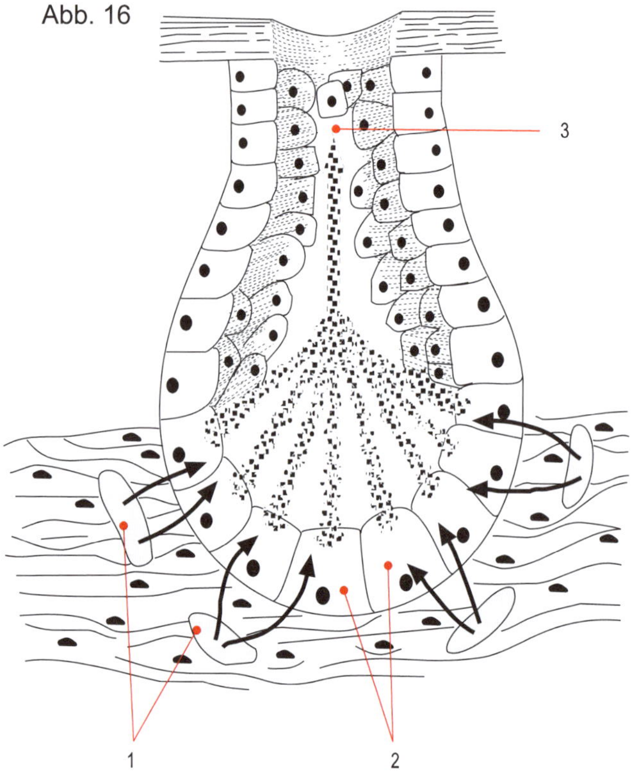

Abb. 16

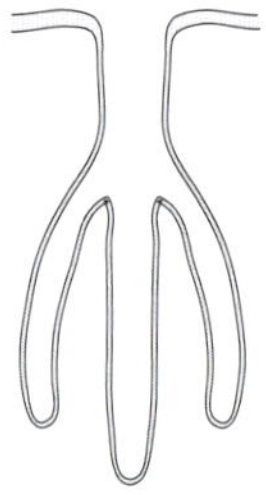

Abb. 17

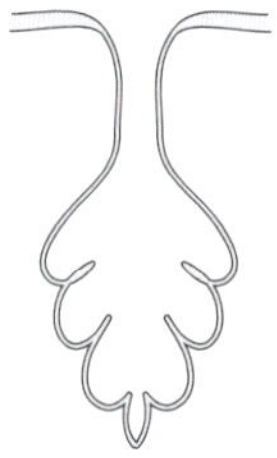

Abb. 18

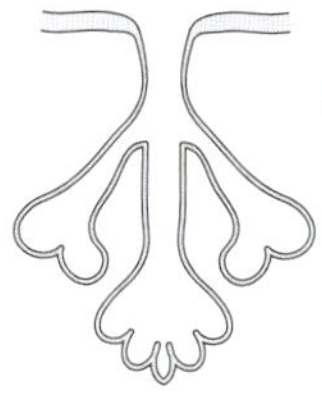

Abb. 19

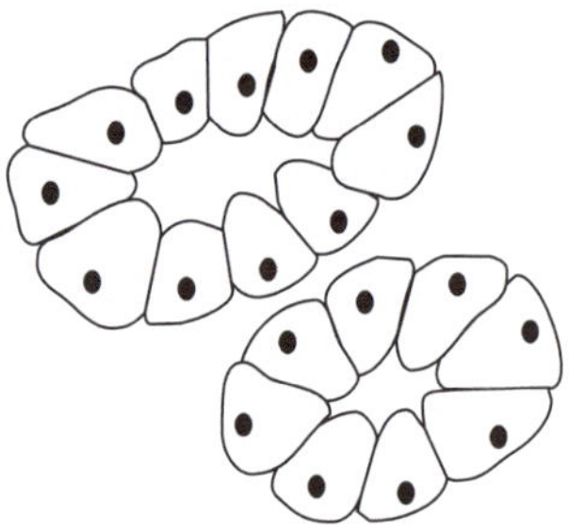

Abb. 20

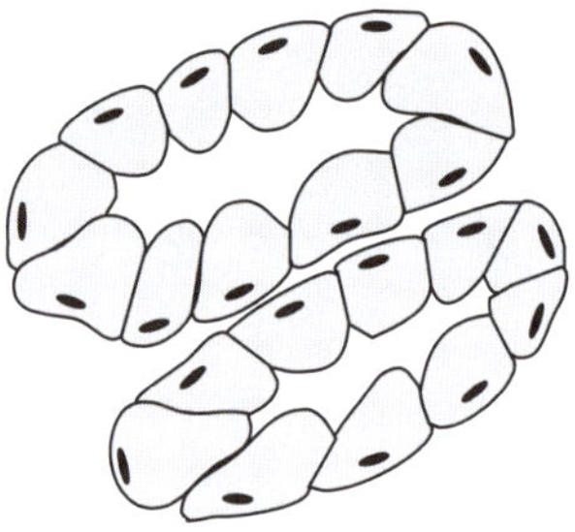

Abb. 21

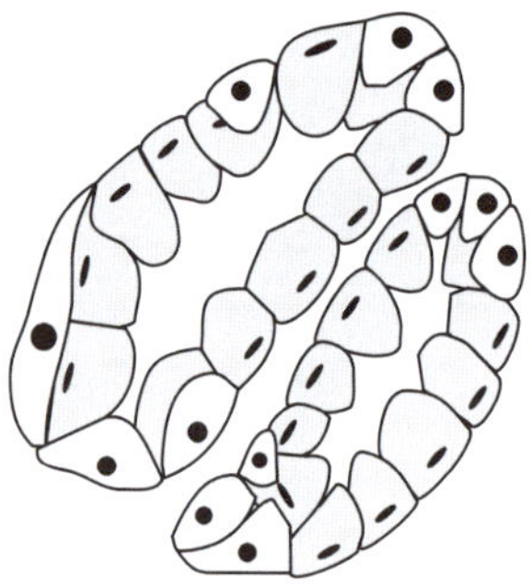

Abb. 22

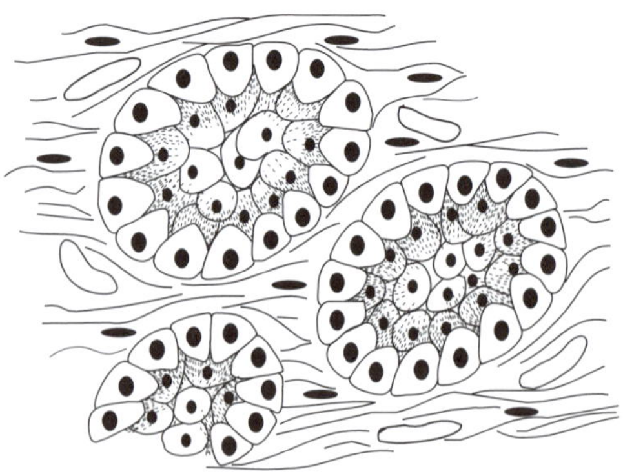

Abb. 23

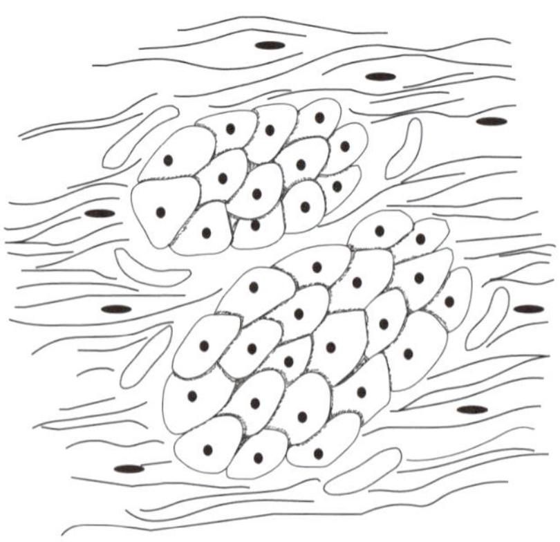

Abb. 24

Zytologie und Histologie

Drüsengewebe

Abb. 16

1

2

3

Abb. 17

Abb. 18

Abb. 19

Abb. 20

Abb. 21

Abb. 22

Abb. 23

Abb. 24

Notizen:

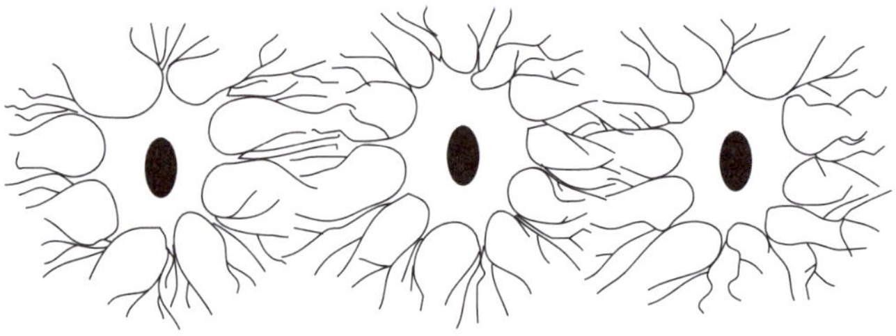

Abb. 1

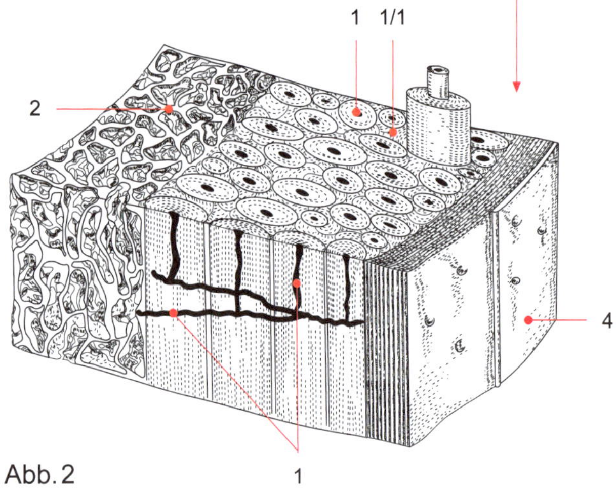

Abb. 2

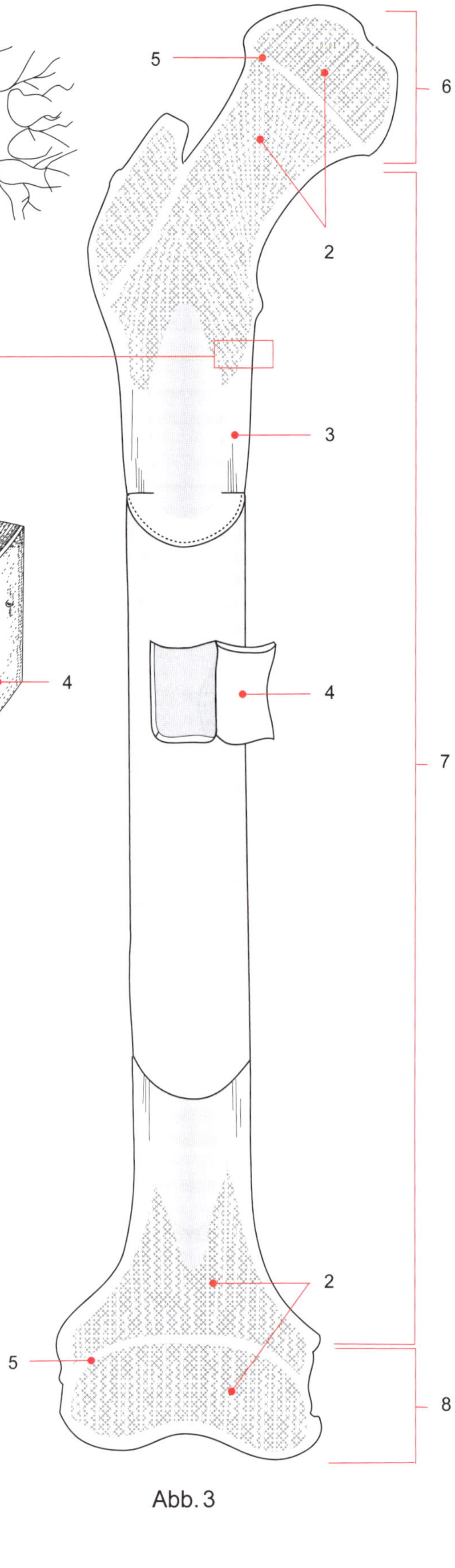

Abb. 3

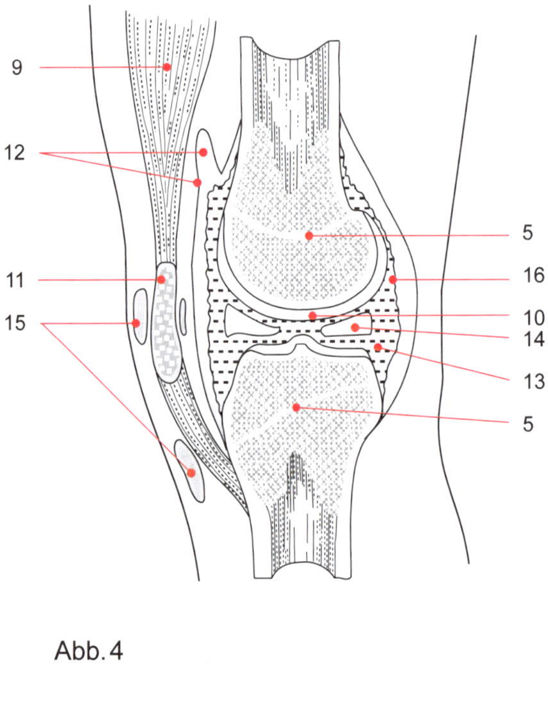

Abb. 4

Bewegungssystem

Knochenstruktur und Gelenkaufbau

Abb. 1
Abb. 2
Abb. 3
Abb. 4
1
1/1
2
3
4
5
6
7
8
9
10
11
12
13
14
15
16

Notizen:

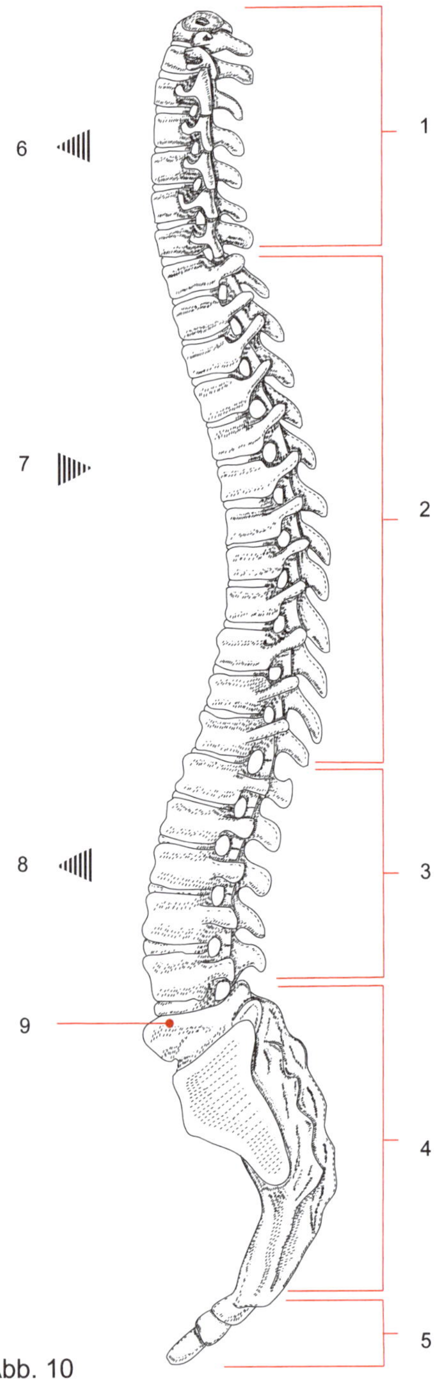

Abb. 10

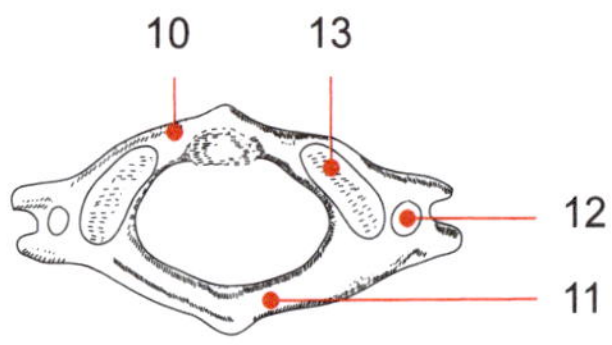

Abb. 11

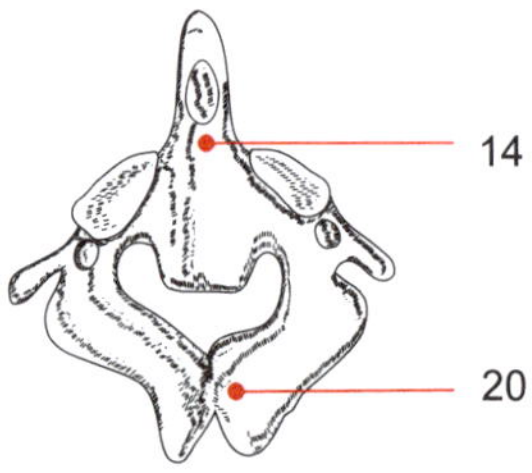

Abb. 12

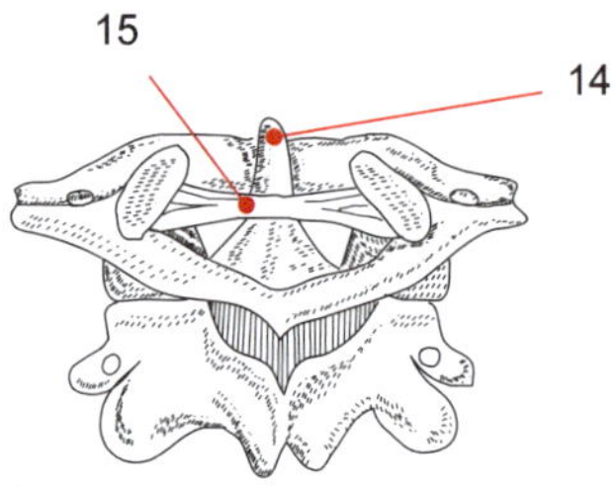

Abb. 13

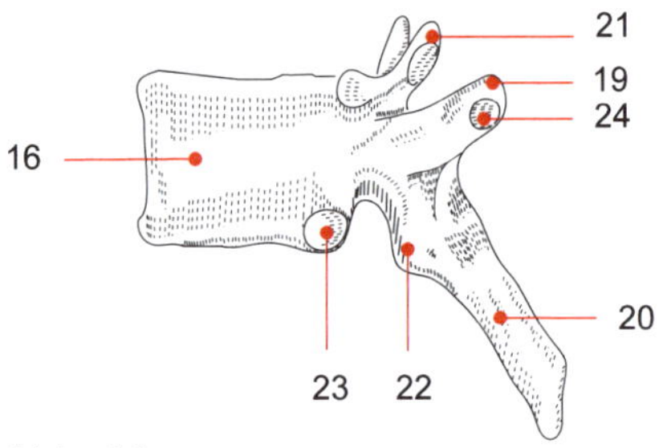

Abb. 14

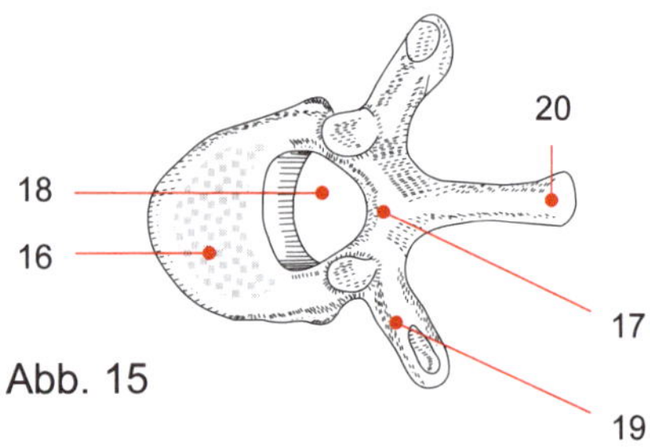

Abb. 15

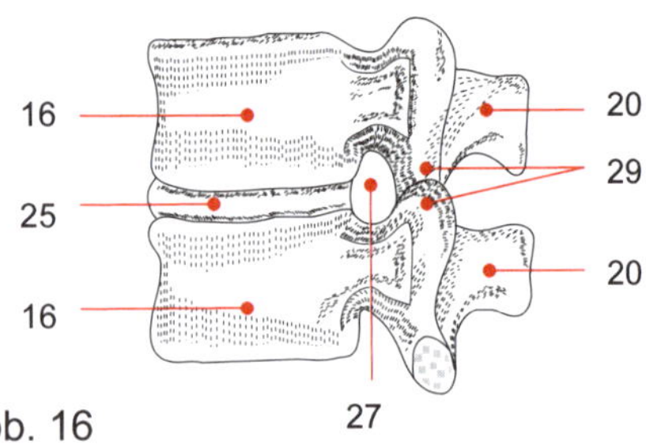

Abb. 16

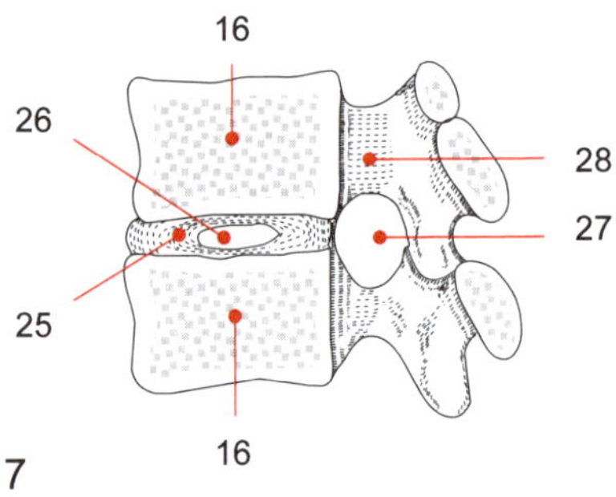

Abb. 17

Bewegungssystem

Wirbelsäule

Abb. 10
Abb. 11
Abb. 12
Abb. 13
Abb. 14
Abb. 15
Abb. 16
Abb. 17
1
2
3
4
5
6
7
8
9
10
11
12
13
14
15
16
17
18
19
20
21
22
23
24
25
26
27
28
29

Notizen:

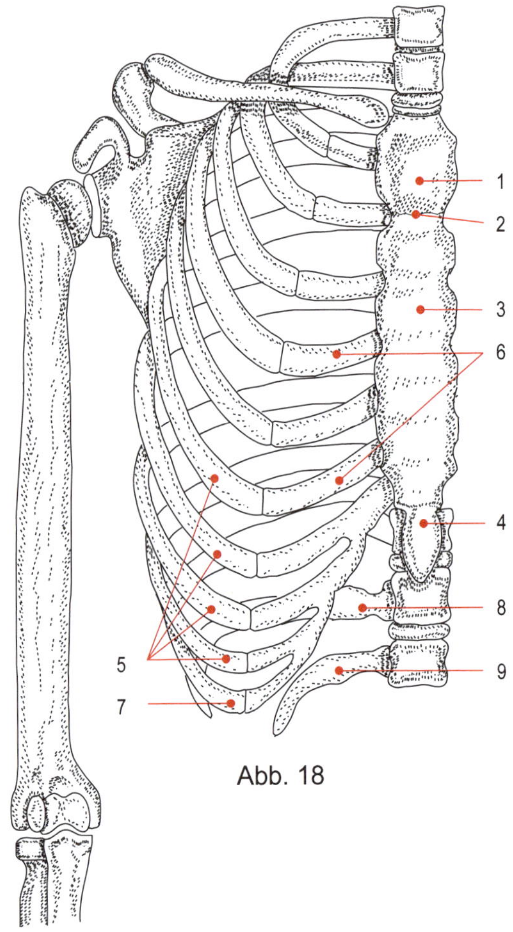

Abb. 18

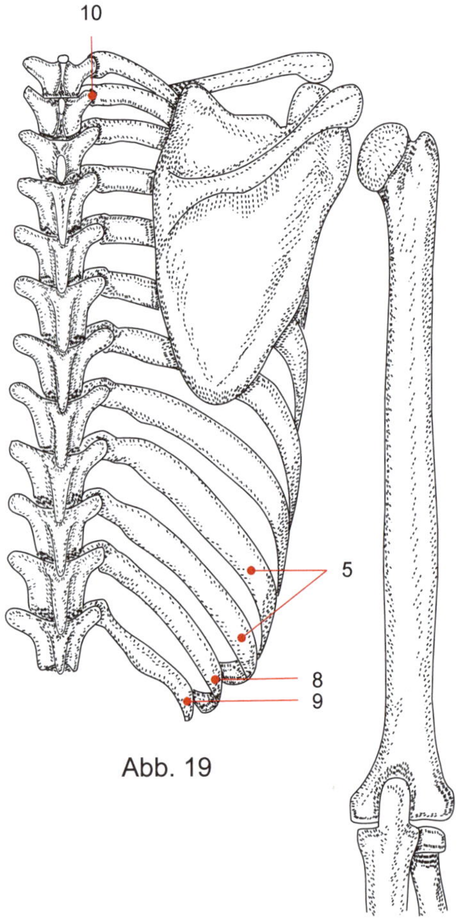

Abb. 19

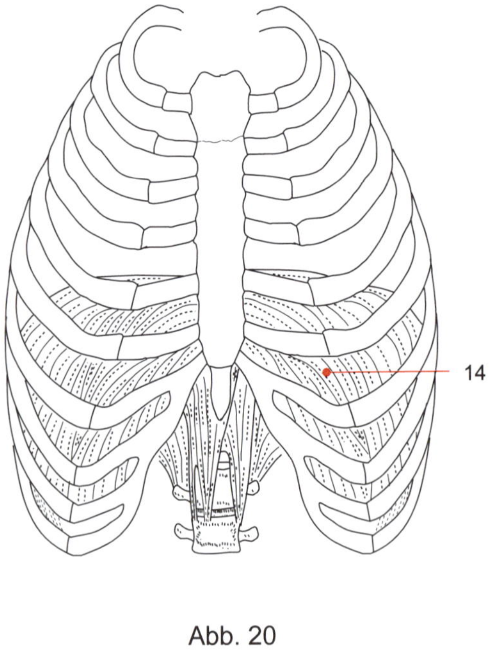

Abb. 20

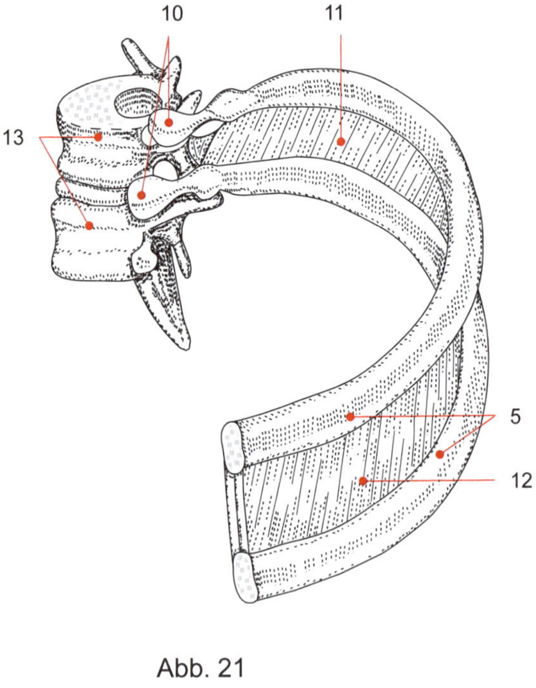

Abb. 21

Bewegungssystem

Brustkorb

Abb. 18
Abb. 19
Abb. 20
Abb. 21
1
2
3
4
5
6
7
8
9
10
11
12
13
14

Notizen:

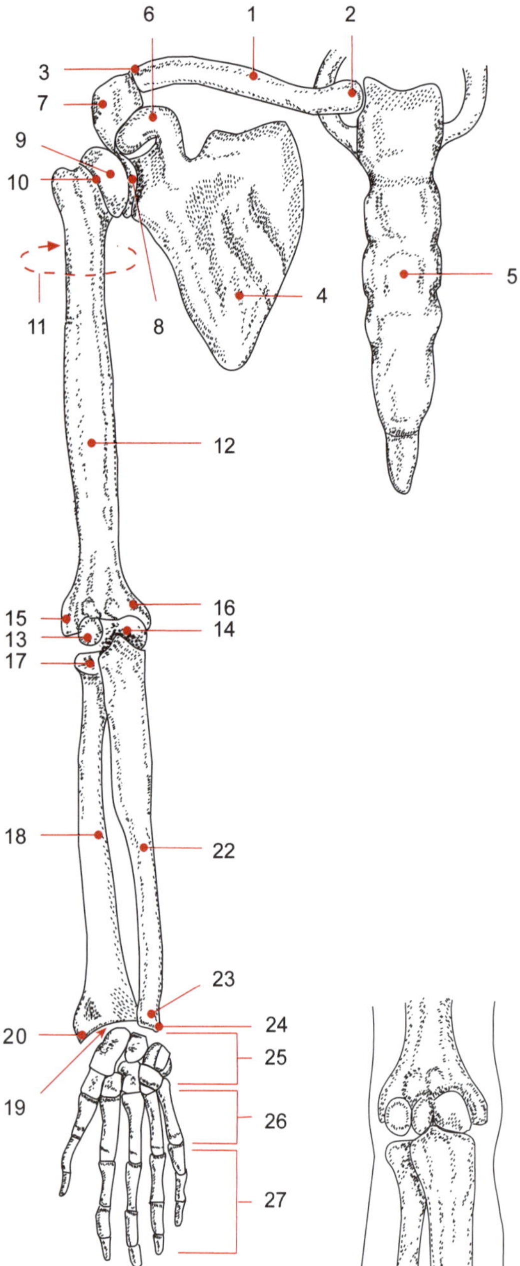

Abb. 22

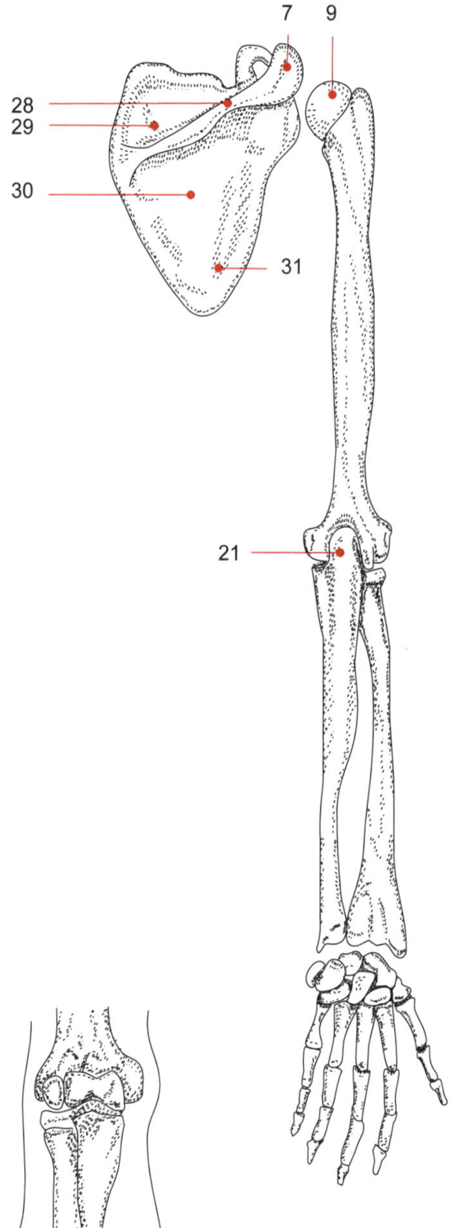

Abb. 23

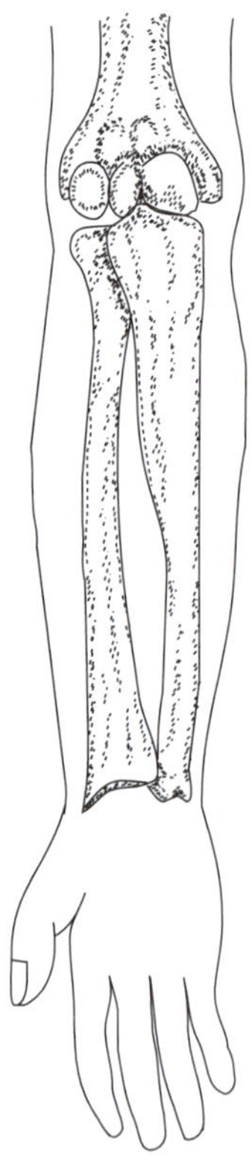

Abb. 24

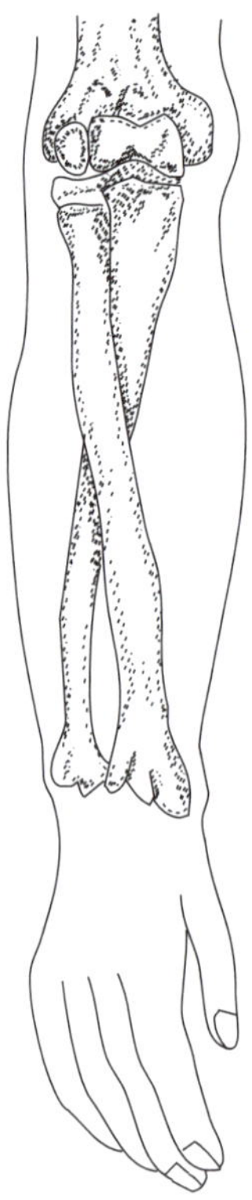

Abb. 25

Bewegungssystem

Schultergürtel und obere Extremität

Abb. 22
Abb. 23
Abb. 24
Abb. 25
1
2
3
4
5
6
7
8
9
10
11
12
13
14
15
16
17
18
19
20
21
22
23
24
25
26
27
28
29
30
31

Notizen:

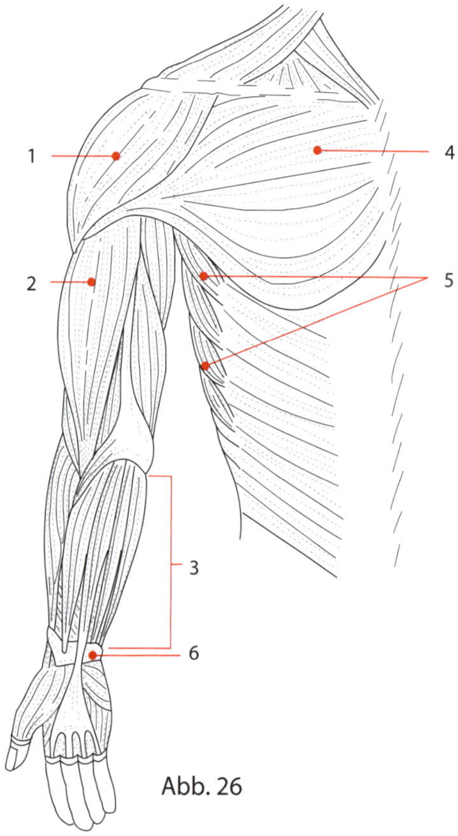

Abb. 26

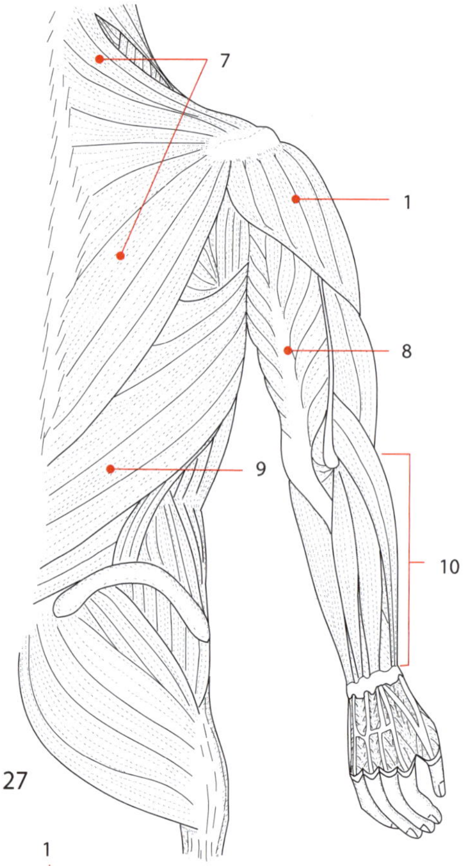

Abb. 27

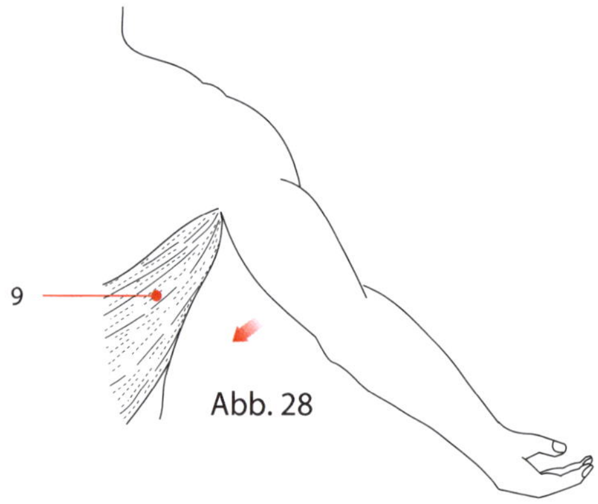

Abb. 28

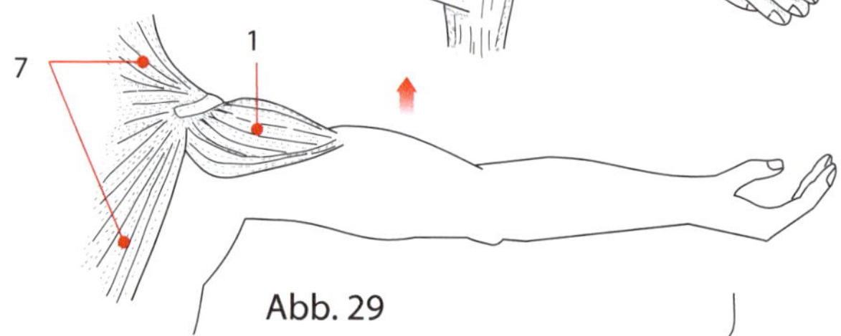

Abb. 29

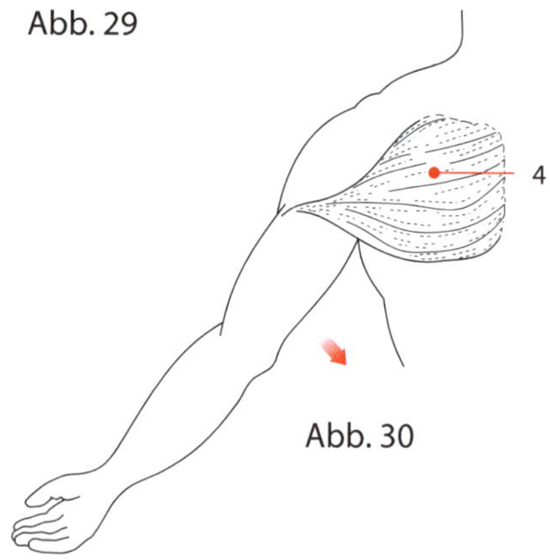

Abb. 30

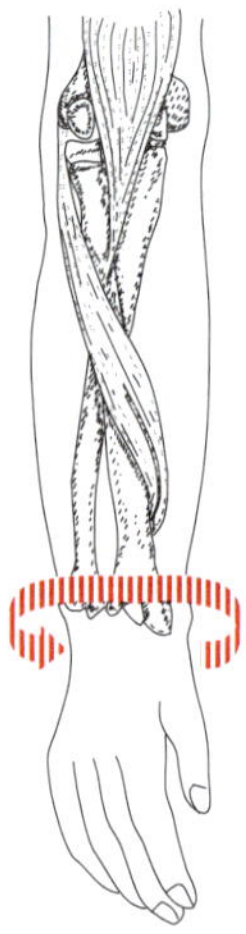
Abb. 33

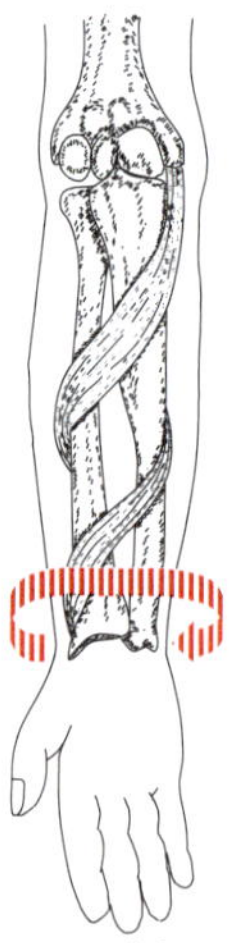
Abb. 34

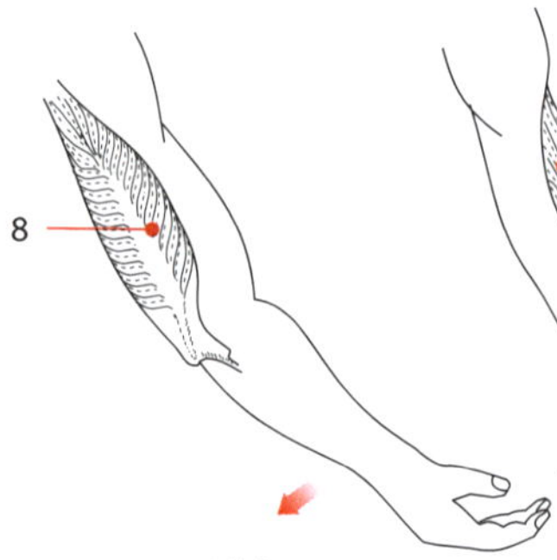

Abb. 31

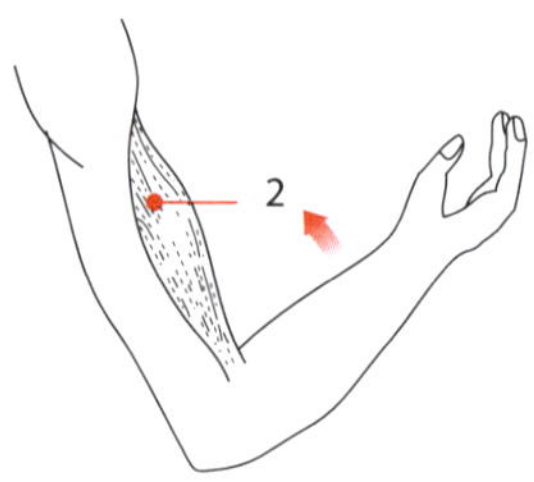

Abb. 32

Muskeln der oberen Extremität

Abb. 26
Abb. 27
Abb. 28
Abb. 29
Abb. 30
Abb. 31
Abb. 32
Abb. 33
Abb. 34
1
2
3
4
5
6
7
8
9
10

Notizen:

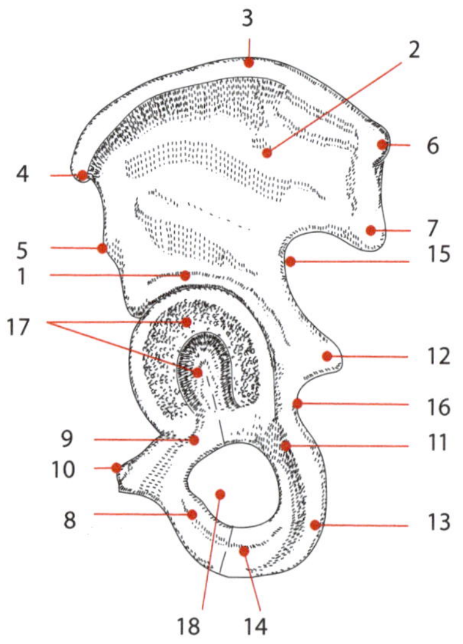

Abb. 35

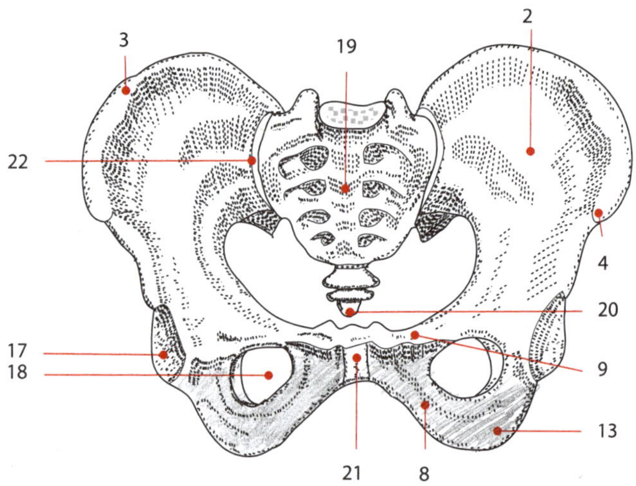

Abb. 36

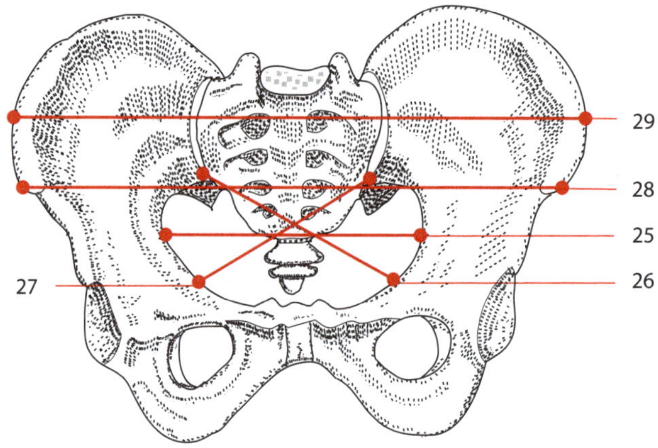

Abb. 37

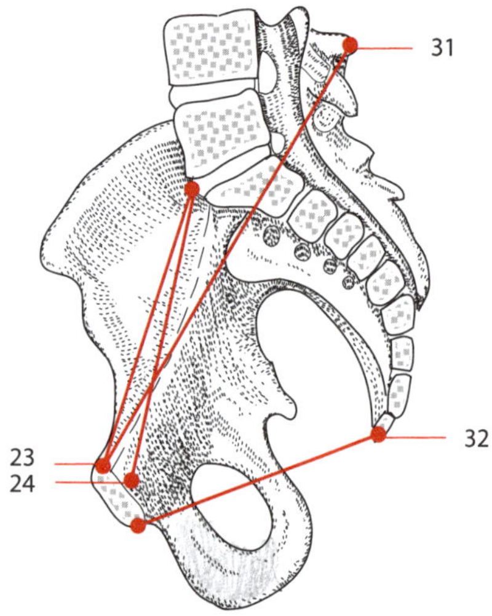

Abb. 38

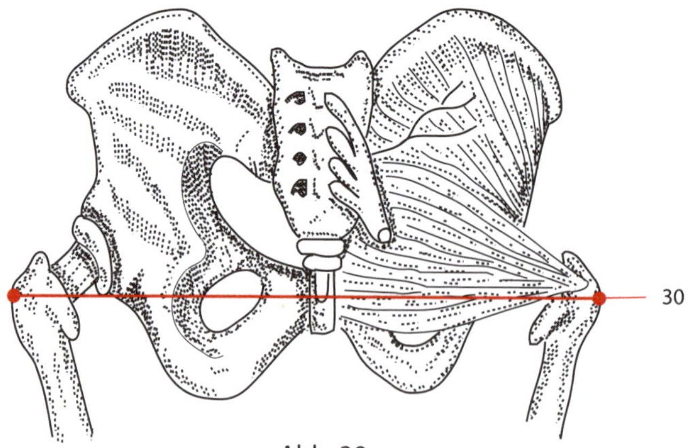

Abb. 39

Beckenaufbau und Durchmesser

Abb. 35 oss coccgyis lateral (sinister)
Abb. 36
Abb. 37
Abb. 38
Abb. 39
1 os illium (corpus ossis illi)
2 Darmbein schaufel ; Ala ossis illi
3 Ramus crista illiaca
4 spina illiaca anteror superior
5 spina illiaca anteror inferior
6 spina illiaca post / sup
7 S post / inferor
8 Ramus inferior oss pubis
9 Ramus superior
10 Facies ossis pubil
11 corpus ossisischi
12 Spina inferor
13 Tuber ischiadicum
14 Ramus ossis ischii
15 incisura ischiadica major
16 incisura ischiadica minor
17 Acetabulu
18 Ace obtuarium
19 os sacrum
20 Steißbein os coccygis
21 Schambeinfuge
22
23
24
25
26
27
28
29
30
31
32

Notizen:

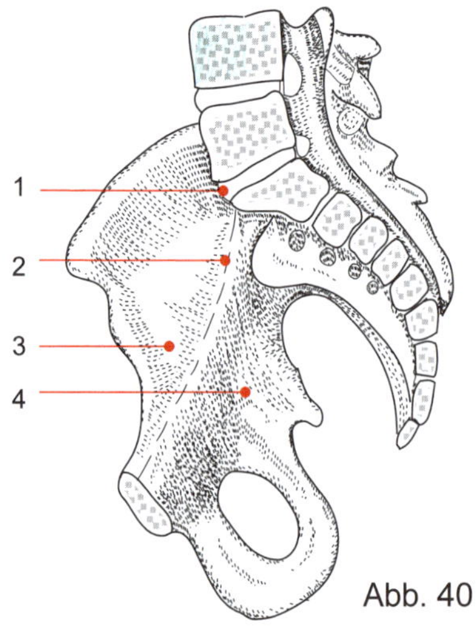

Abb. 40

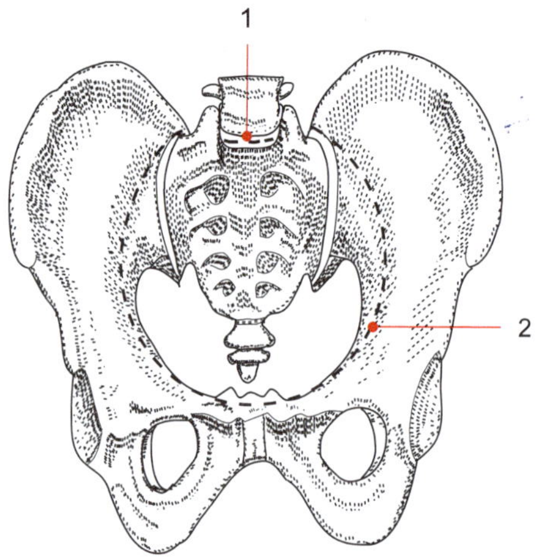

Abb. 41

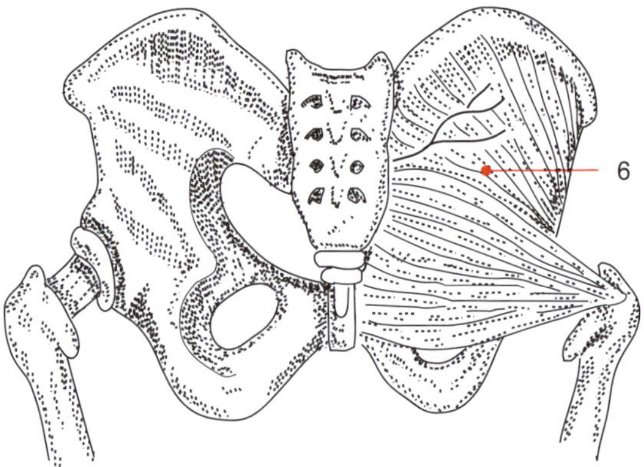

Abb. 42

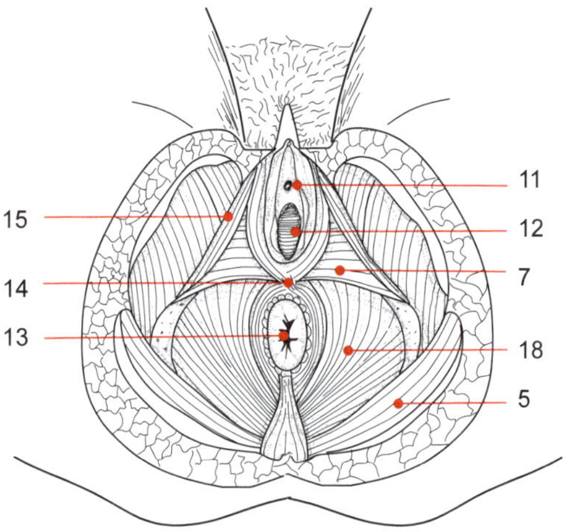

Abb. 43

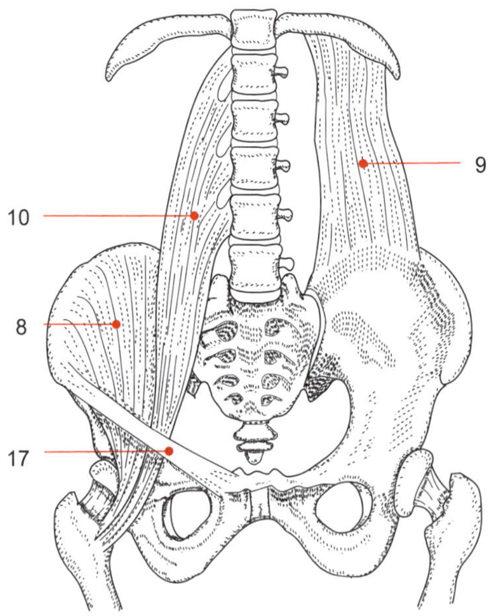

Abb. 44

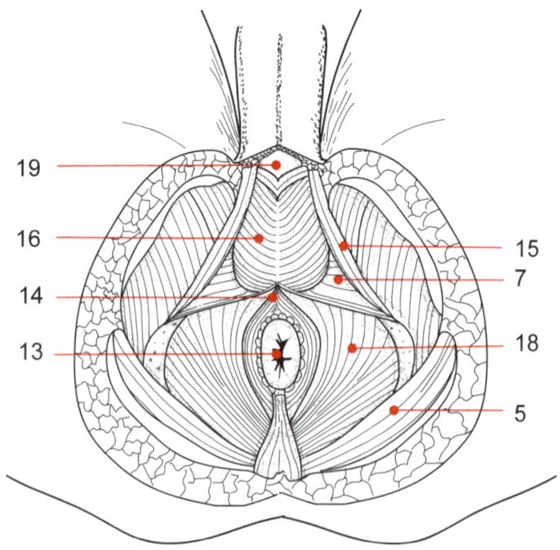

Abb. 45

Bewegungssystem

PELVIS

Beckenmuskulatur und Beckenboden

Abb. 40 PELVIS - medial schnitt
Abb. 41 PELVIS - ventral
Abb. 42
Abb. 43
Abb. 44
Abb. 45
1 Discuss inter verdebralis
2 bogenförmige Linie = Linea arcuata
3 Pelvis major
4 pelvis minor
5
6
7
8
9
10
11
12
13
14
15
16
17
18
19

Notizen:

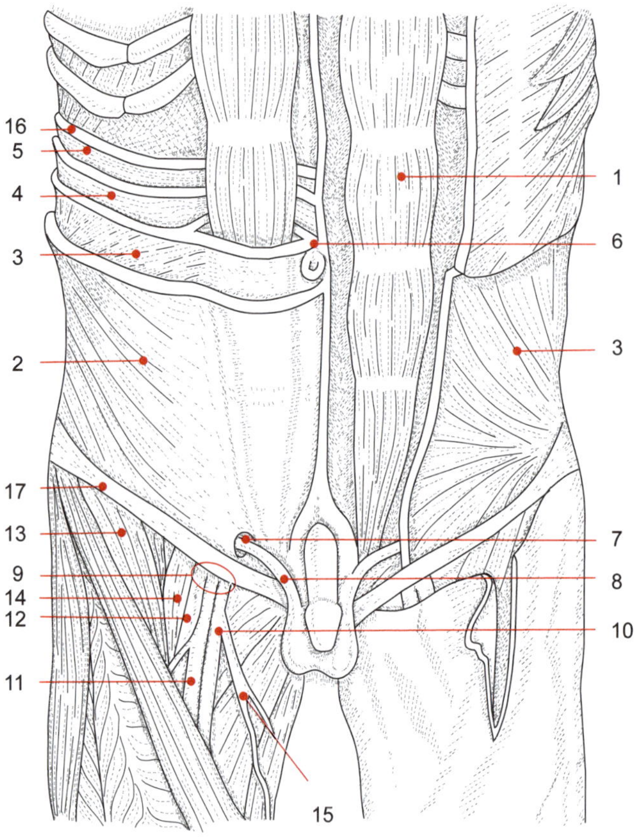

Abb. 46

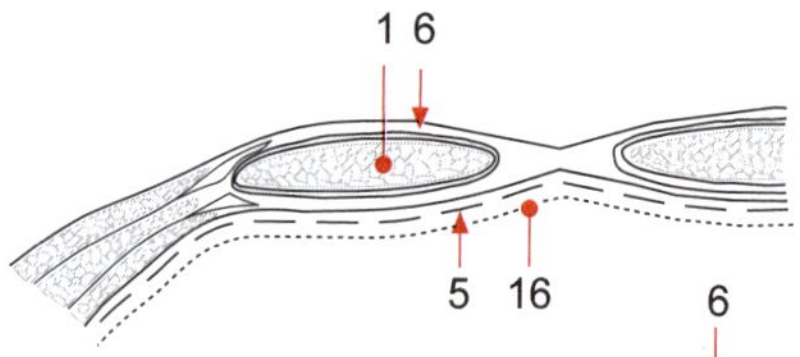

Abb. 47

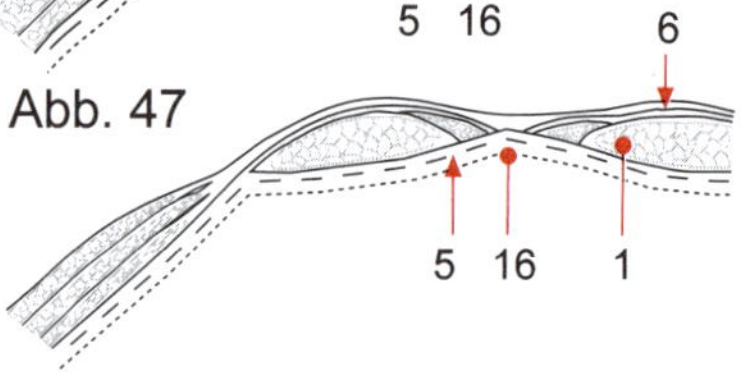

Abb. 48

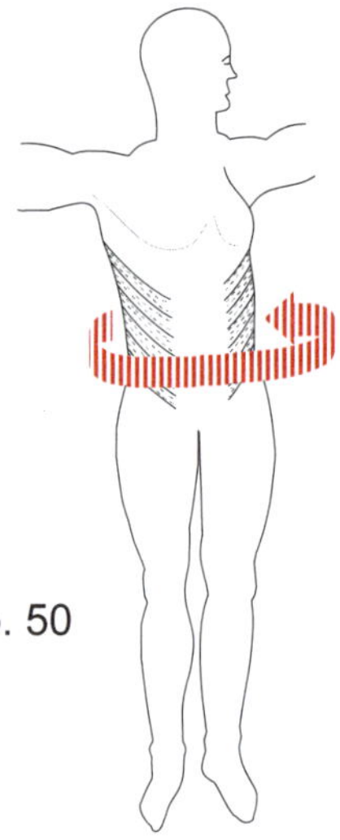

Abb. 50

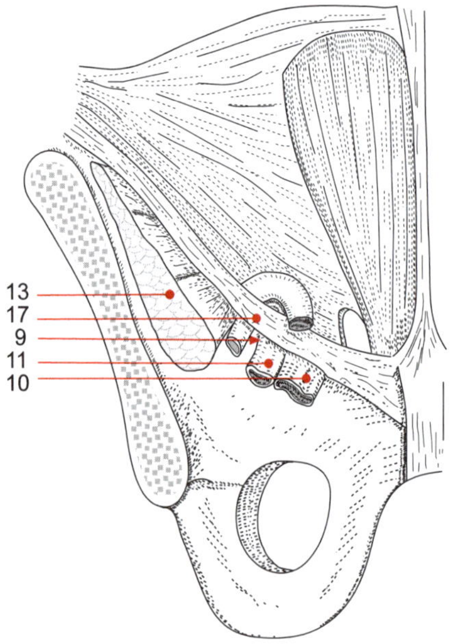

Abb. 49

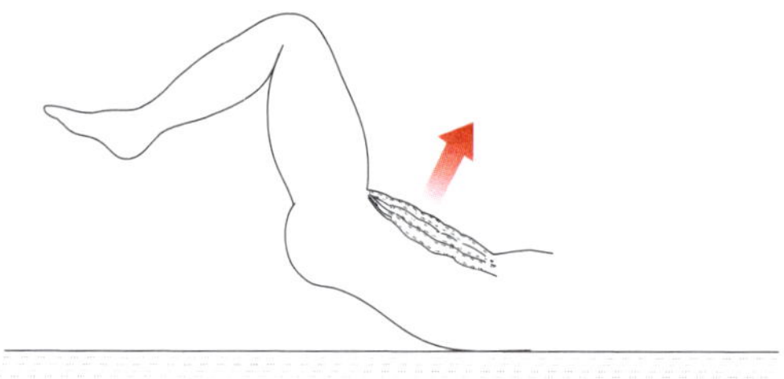

Abb. 51

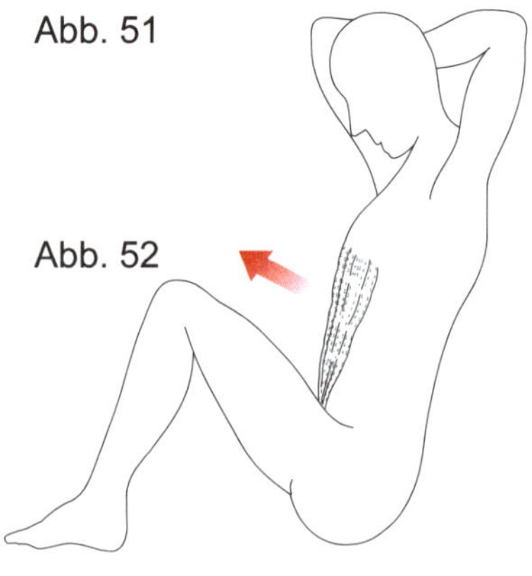

Abb. 52

Bewegungssystem

Bauchmuskulatur

Abb. 46
Abb. 47
Abb. 48
Abb. 49
Abb. 50
Abb. 51–52
1
2
3
4
5
6
7
8
9
10
11
12
13
14
15
16
17

Notizen:

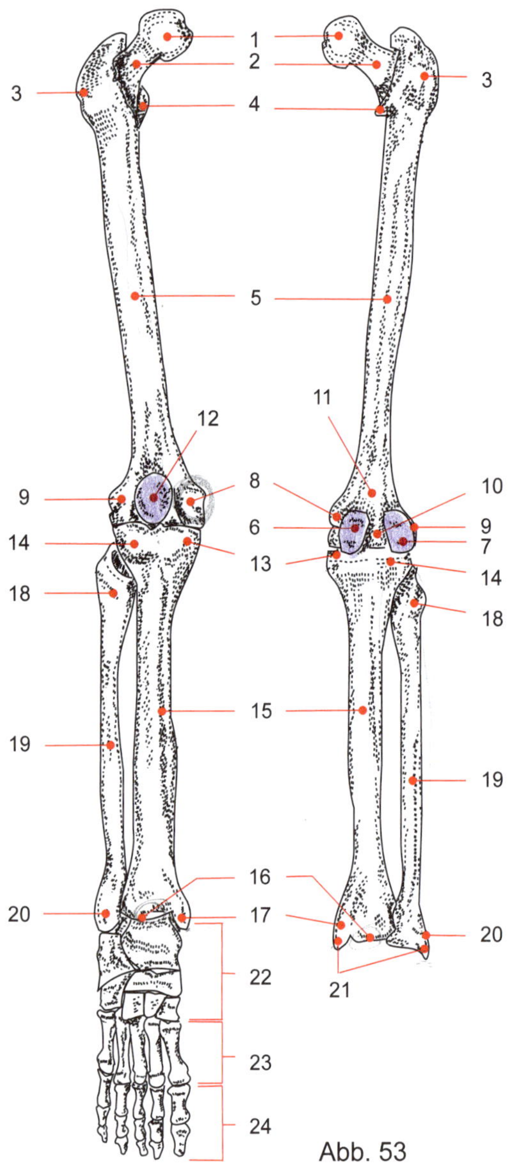

Abb. 53

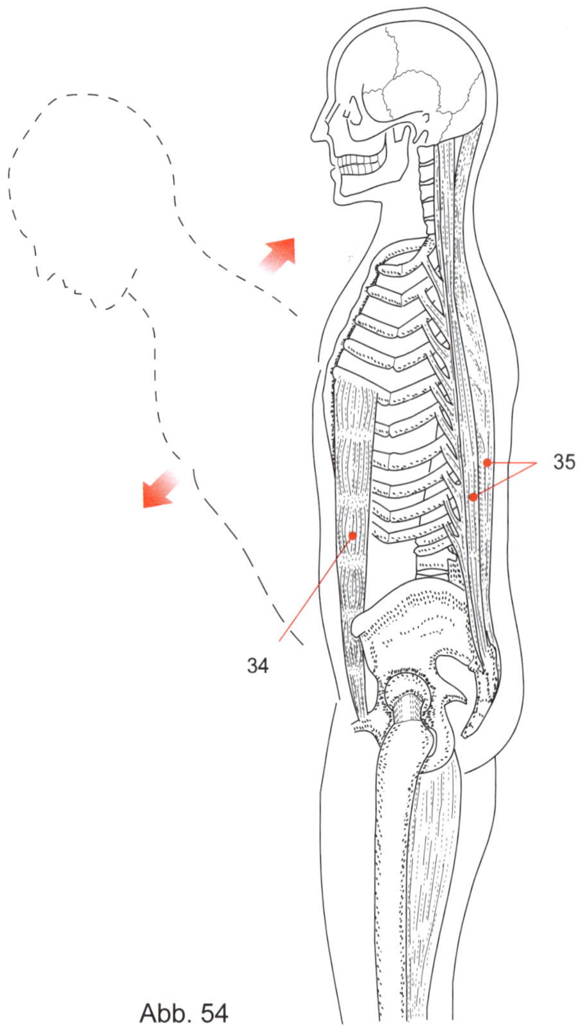

Abb. 54

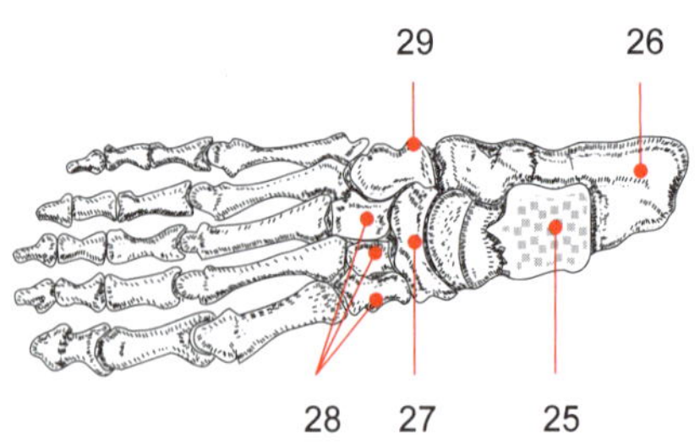

Abb. 55

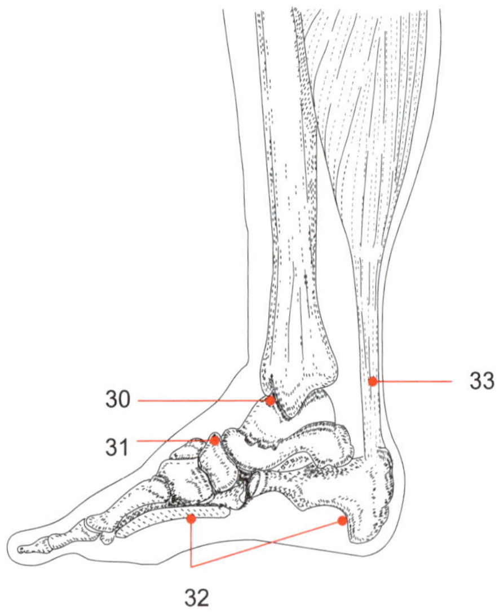

Abb. 56

Knochen der unteren Extremität (Streck- und Beugefunktion des Körpers)

Abb. 53
Abb. 54
Abb. 55–56

1 Carput femoris
2 Collum femoris
3 Trochanta major
4 Trochanta minor
5 corpus femoris
6 condyllus medialis femoris
7 condylus lateralis femoris
8 Epycondylus medialis femoris
9 Epycondylus lateralis femoris
10 Fossa intercondylaris
11 Facies poplitea (?)
12 Patella
13 condylus medialis ~~femoralis~~ tibieae
14 condylus lateralis ~~femoralis~~ tibieae
15 Tibia
16 Facies articulares tibular
17 Malleolus medialis
18 carput fibulae
19 carpus fibulae
20 Malleolus lateralis
21 Malleo~~lus~~gabel (?) Malleonen idk ....
22
23
24
25
26
27
28
29
30
31
32
33
34
35

Notizen:

Abb. 57

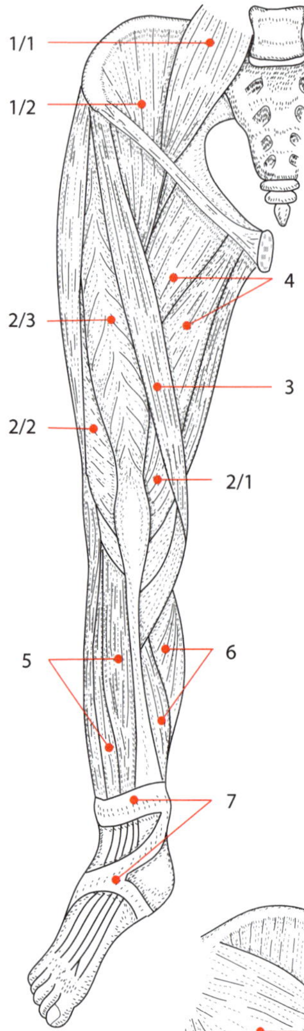

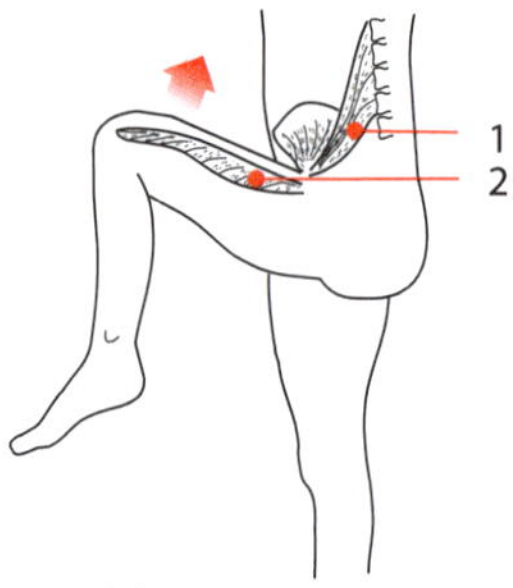

Abb. 59

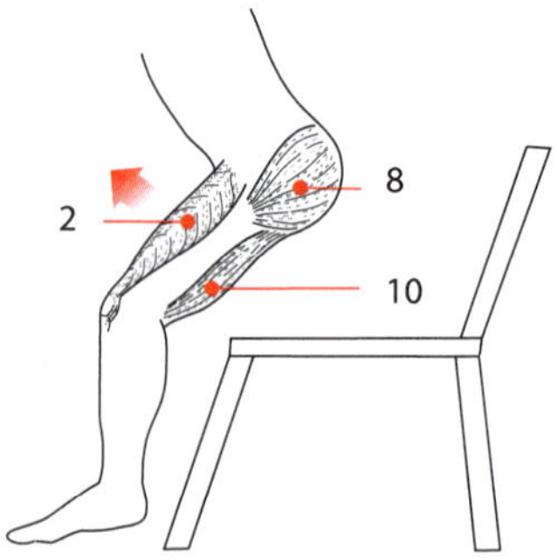

Abb. 60

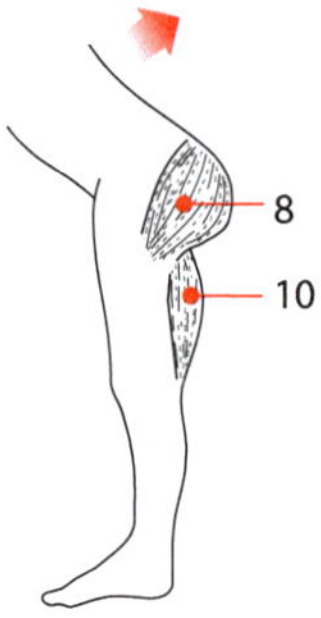

Abb. 61

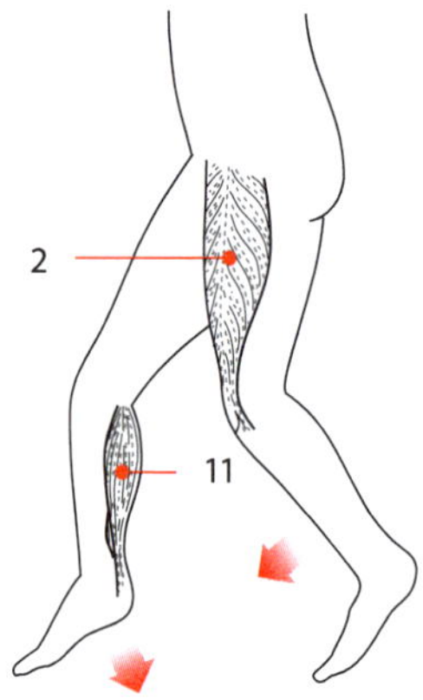

Abb. 62

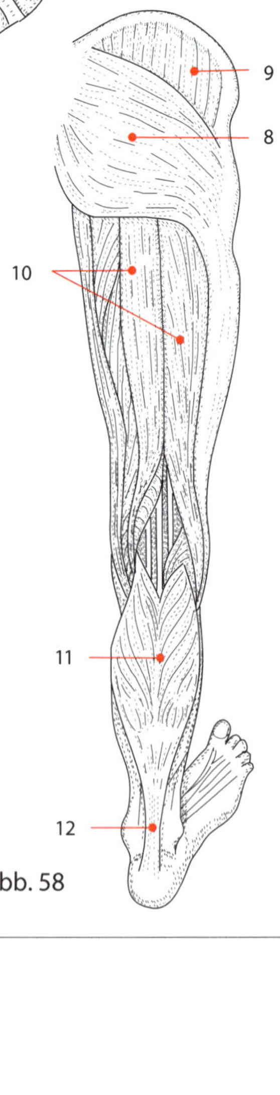

Abb. 58

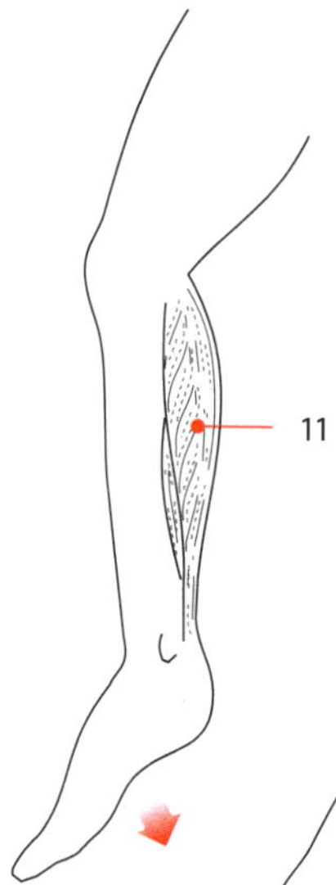

Abb. 63

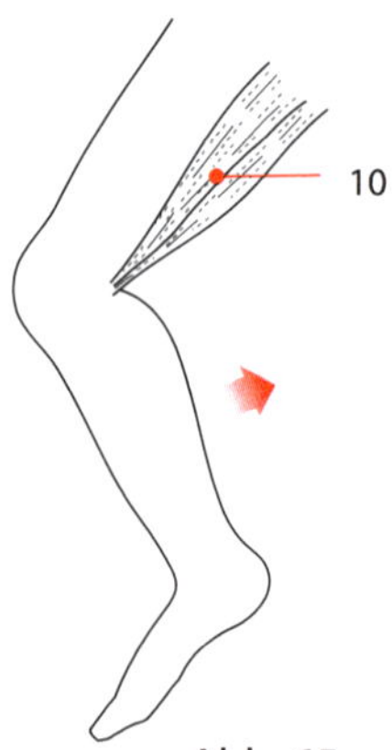

Abb. 65

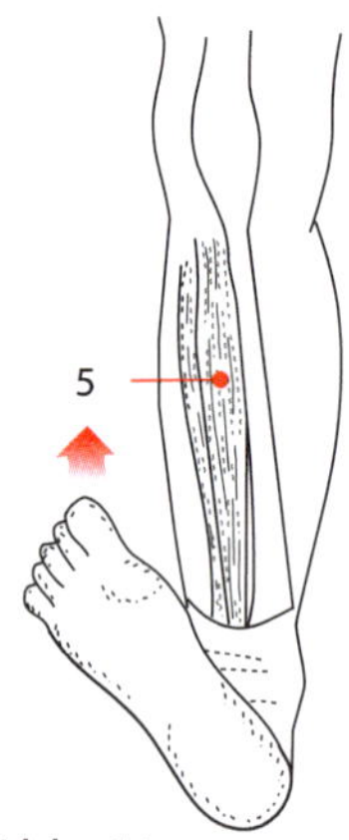

Abb. 64

Muskeln der unteren Extremität

Abb. 57–58
Abb. 59
Abb. 60
Abb. 61
Abb. 62
Abb. 63
Abb. 64
Abb. 65
1
1/1
1/2
2
2/1
2/2
2/3
3
4
5
6
7
8
9
10
11
12

Notizen:

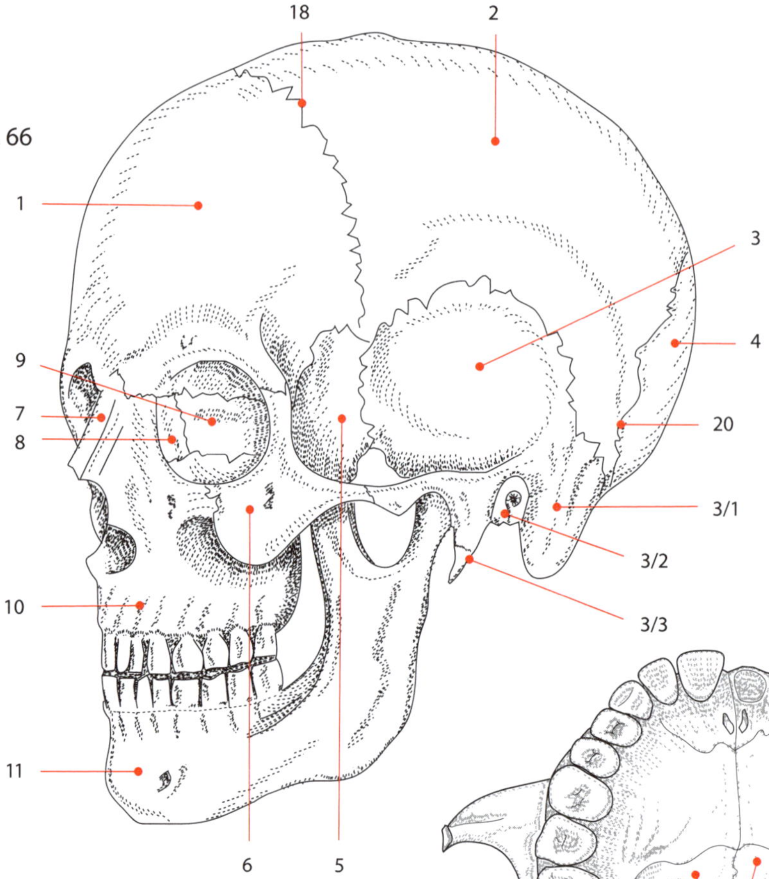

Abb. 66

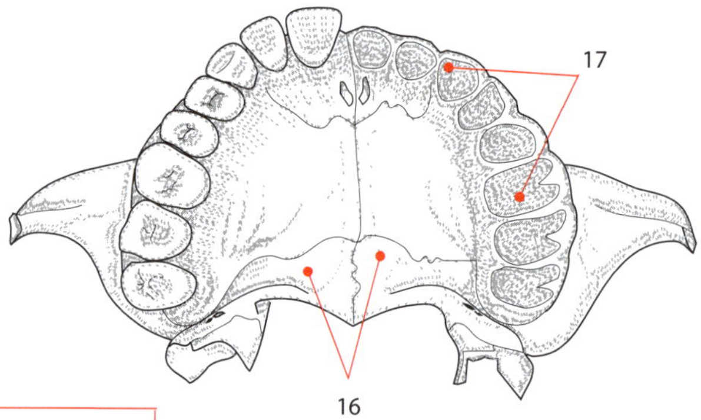

Abb. 68

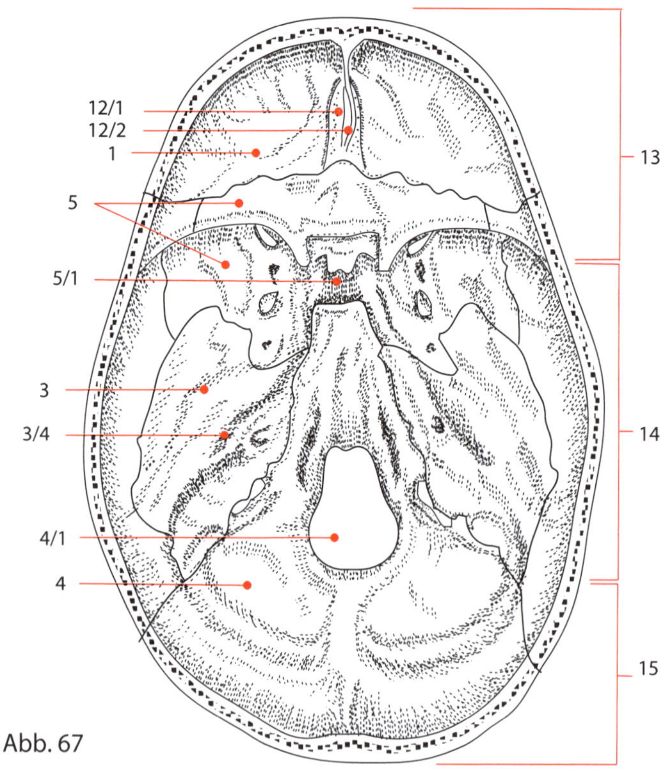

Abb. 67

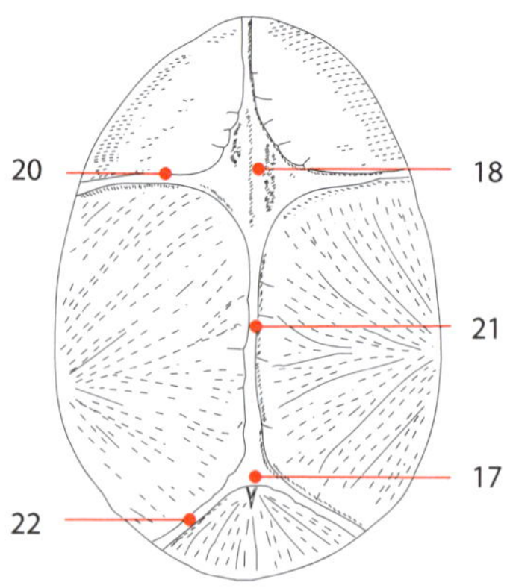

Abb. 69

Bewegungssystem

Schädel

Abb. 66
Abb. 67
Abb. 68
Abb. 69
1
2
3
3/1
3/2
3/3
3/4
4
4/1
5
5/1
6
7
8
9
10
11
12/1
12/2
13
14
15
16
17
18
19
20
21
22

Notizen:

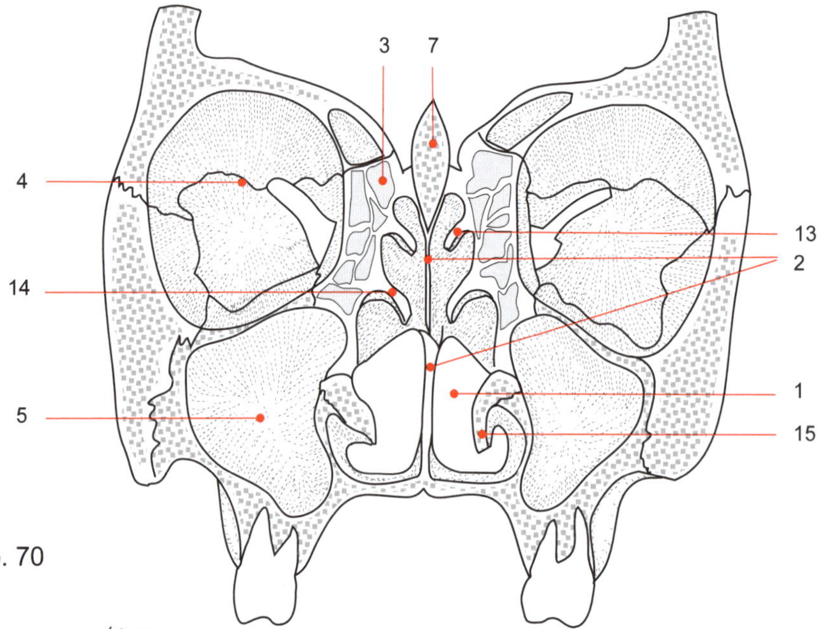

Abb. 70

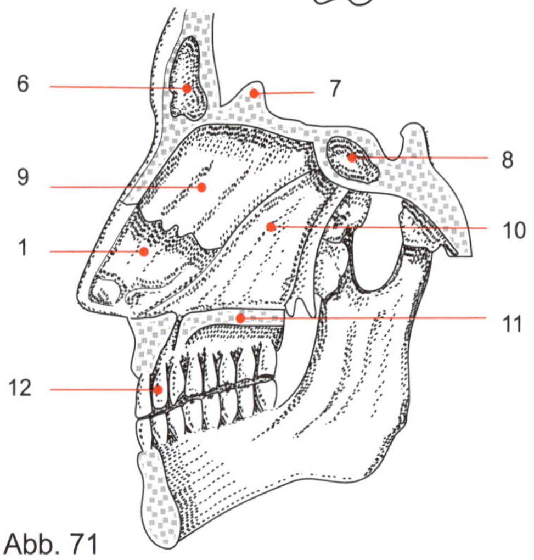

Abb. 71

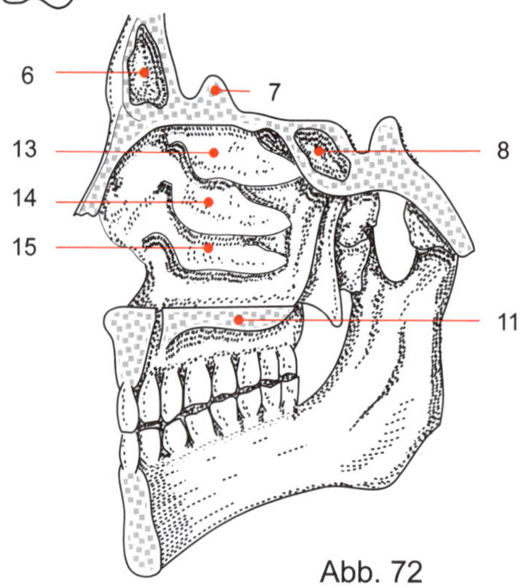

Abb. 72

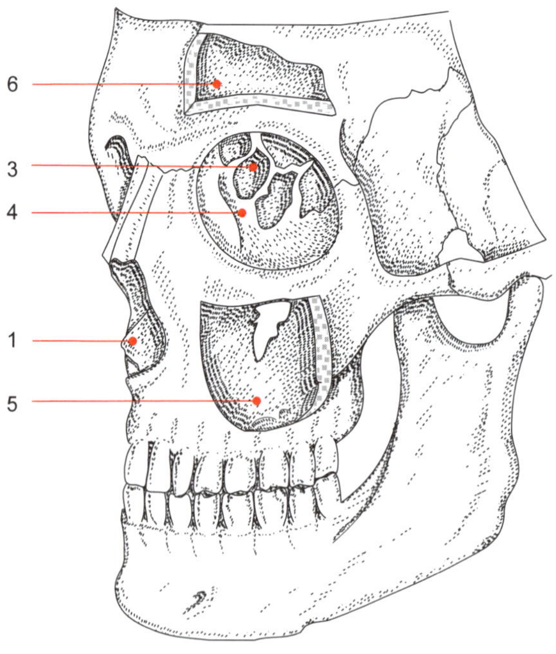

Abb. 73

Mund-, Nasen- und Nasennebenhöhlen

Abb. 70 – 73

1
2
3
4
5
6
7
8
9
10
11
12
13
14
15

Notizen:

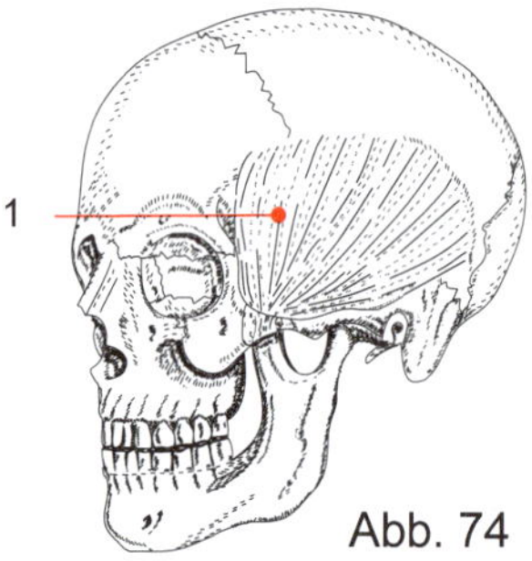

Abb. 74

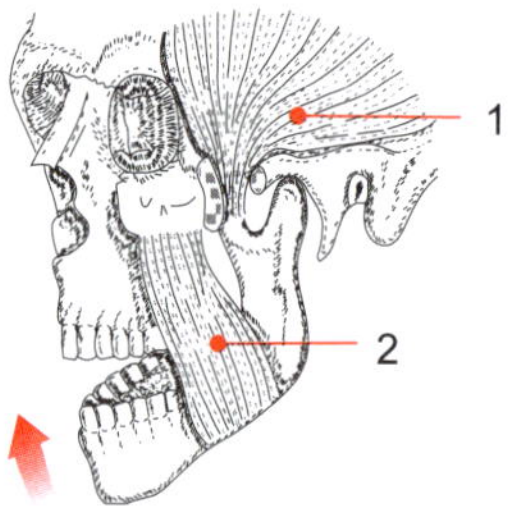

Abb. 75

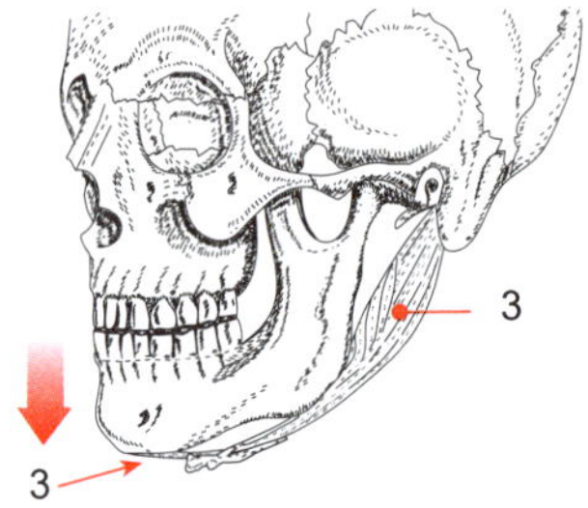

Abb. 76

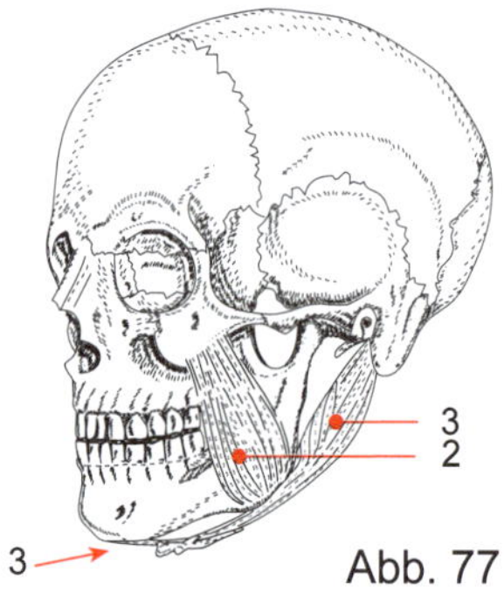

Abb. 77

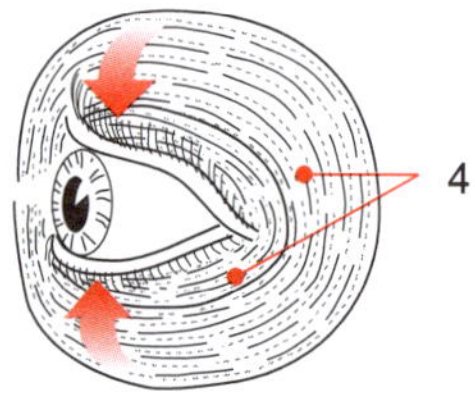

Abb. 78

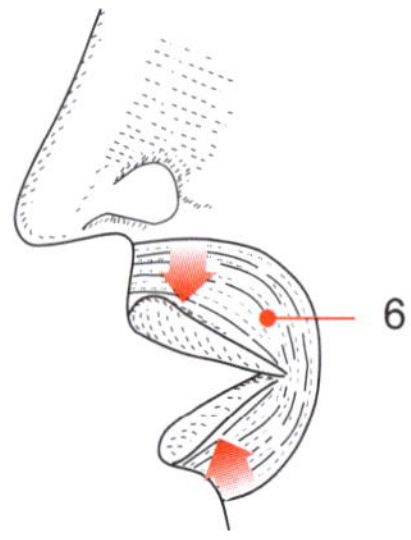

Abb. 79

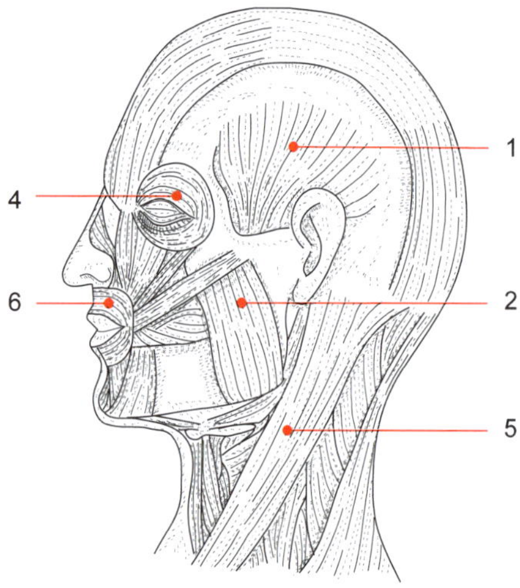

Abb. 80

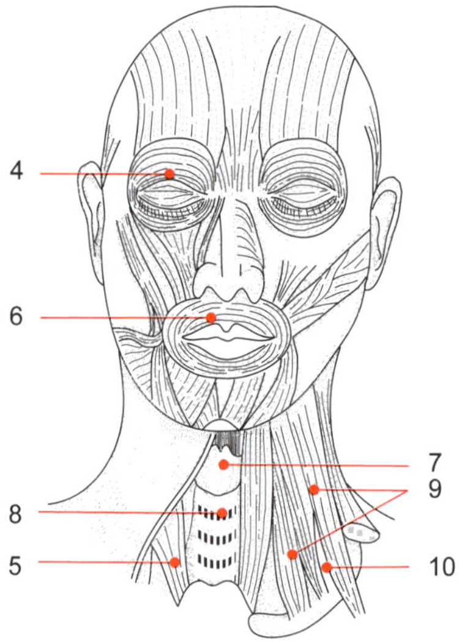

Abb. 81

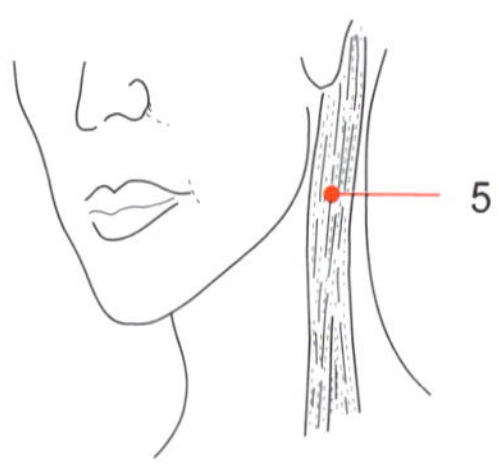

Abb. 82

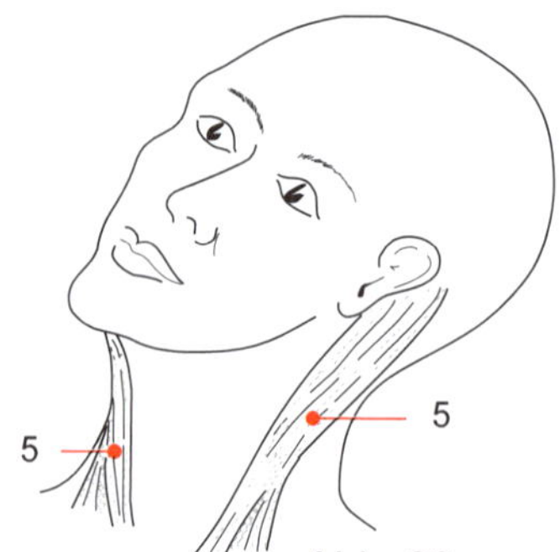

Abb. 83

Kau- und mimische Muskulatur

Abb. 74–77
Abb. 78–83
1
2
3
4
5
6
7
8
9
10

Notizen:

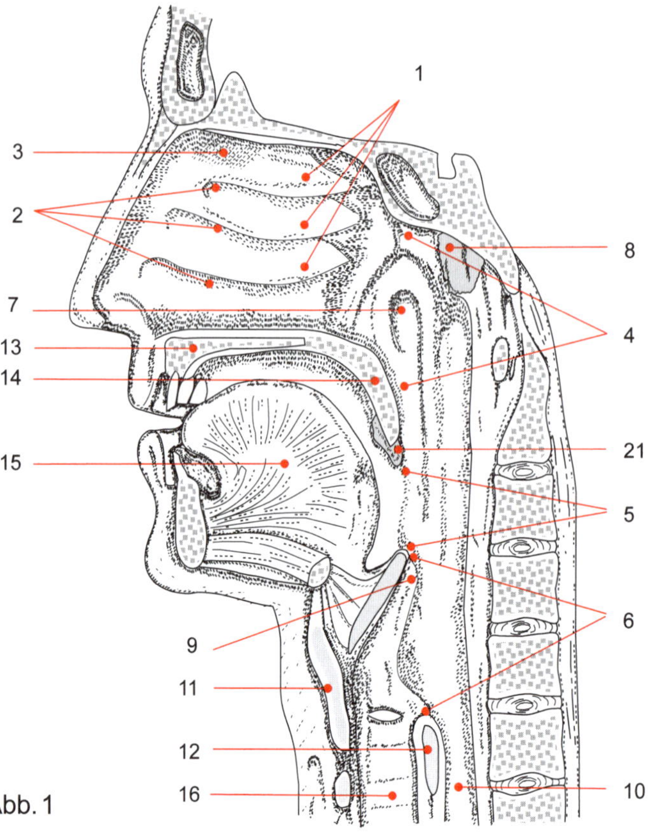

Abb. 1

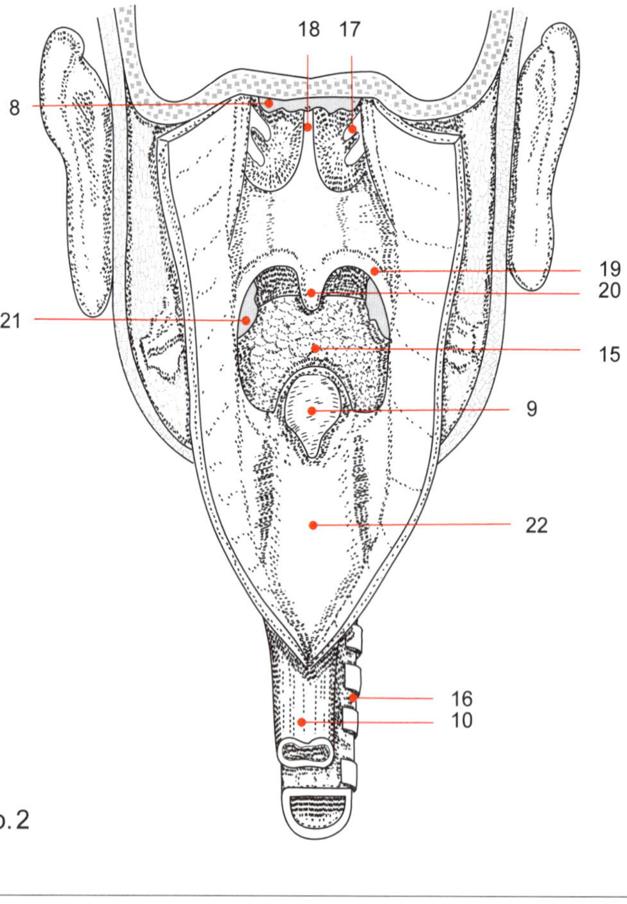

Abb. 2

Atmungssystem

Nasenhöhle, Rachenraum und Kehlkopf

Abb. 1
Abb. 2
1
2
3
4
5
6
7
8
9
10
11
12
13
14
15
16
17
18
19
20
21
22

Notizen:

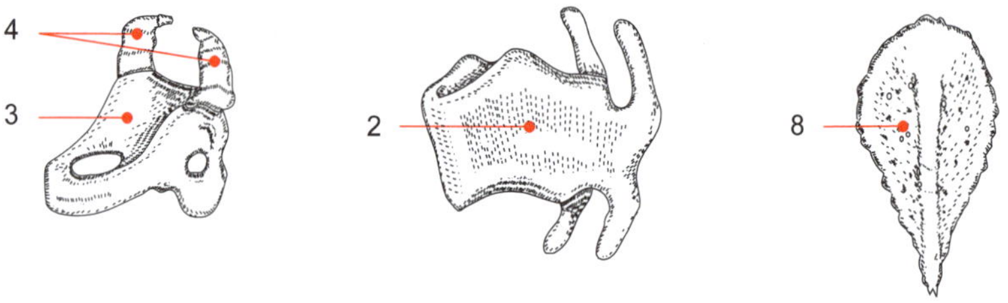

Abb. 3

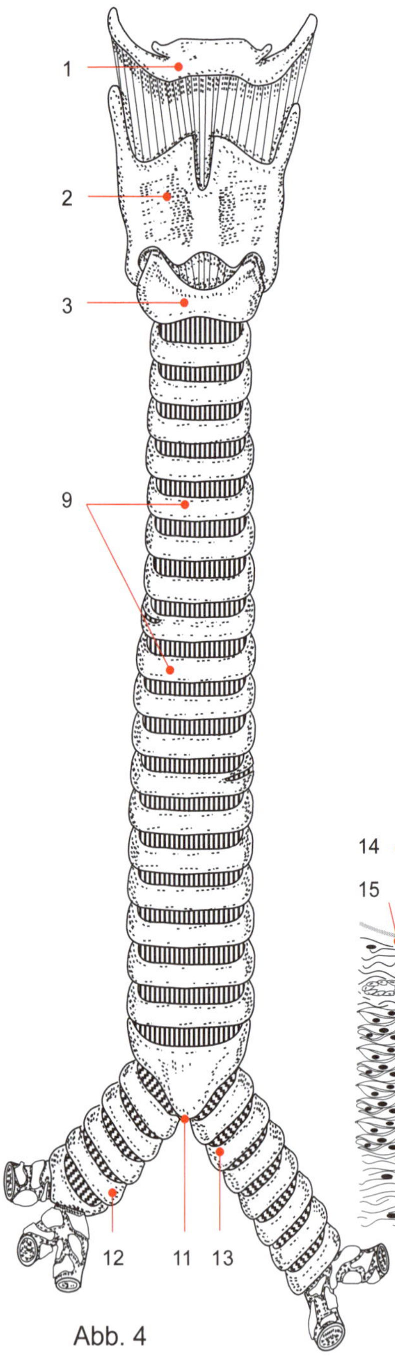

Abb. 4

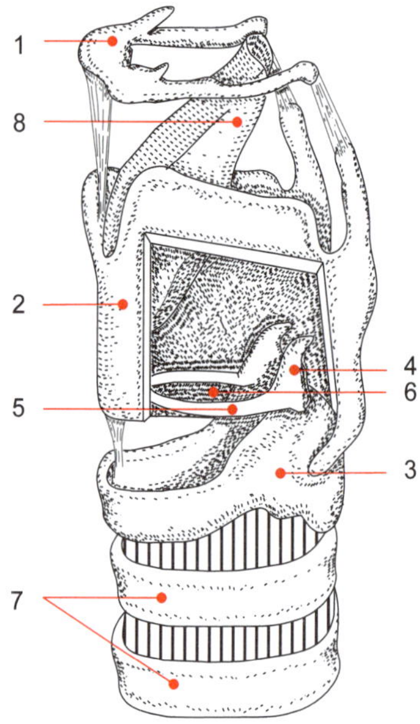

Abb. 5

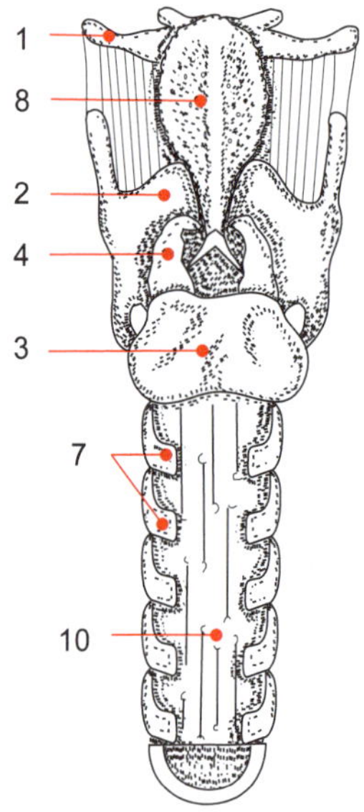

Abb. 6

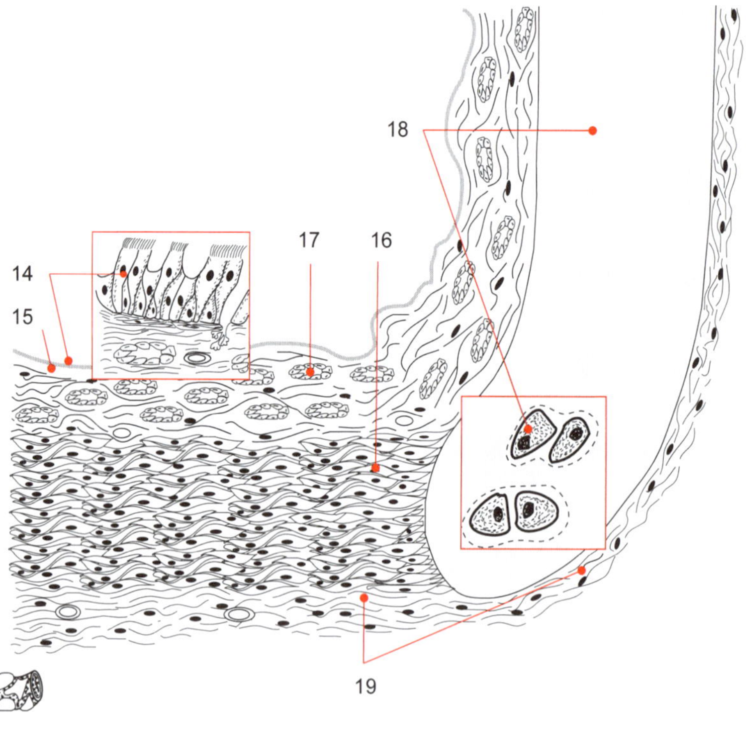

Abb. 7

Atmungssystem

Kehlkopf, Luftröhre und Bronchien

Abb. 3
Abb. 4
Abb. 5
Abb. 6
Abb. 7
1
2
3
4
5
6
7
8
9
10
11
12
13
14
15
16
17
18
19

Notizen:

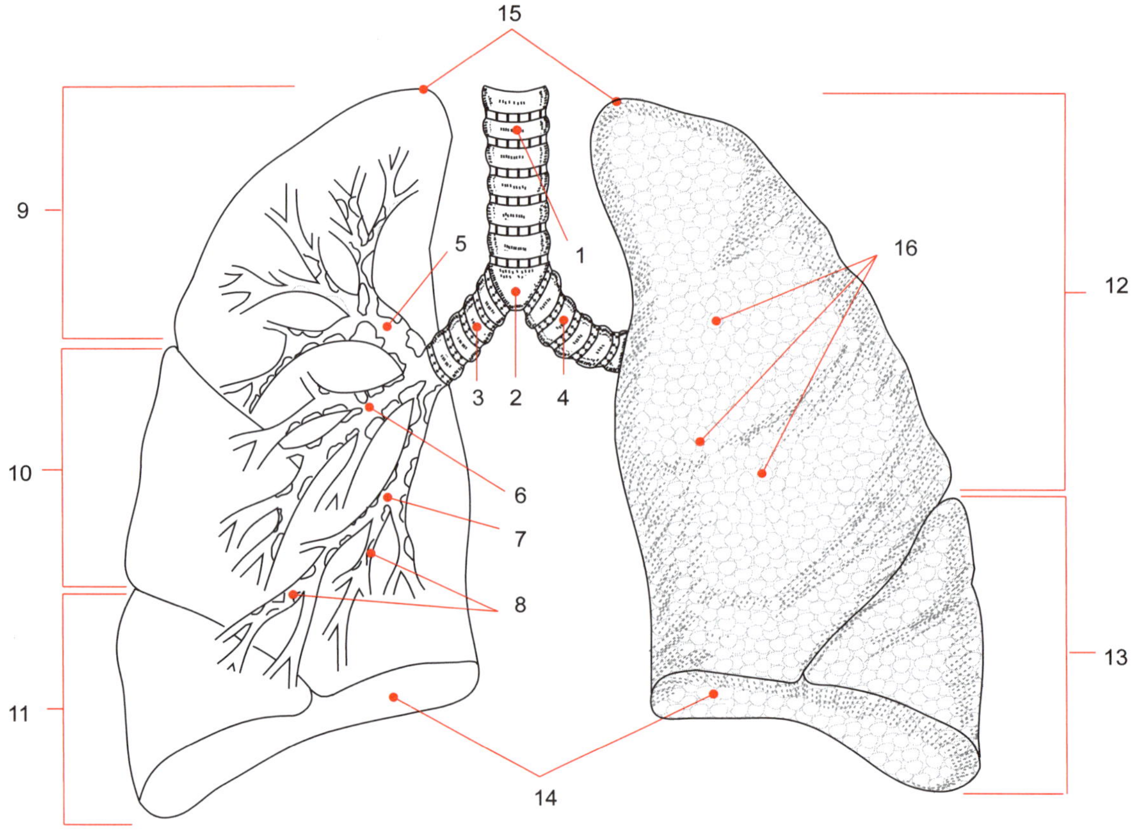

Abb. 8

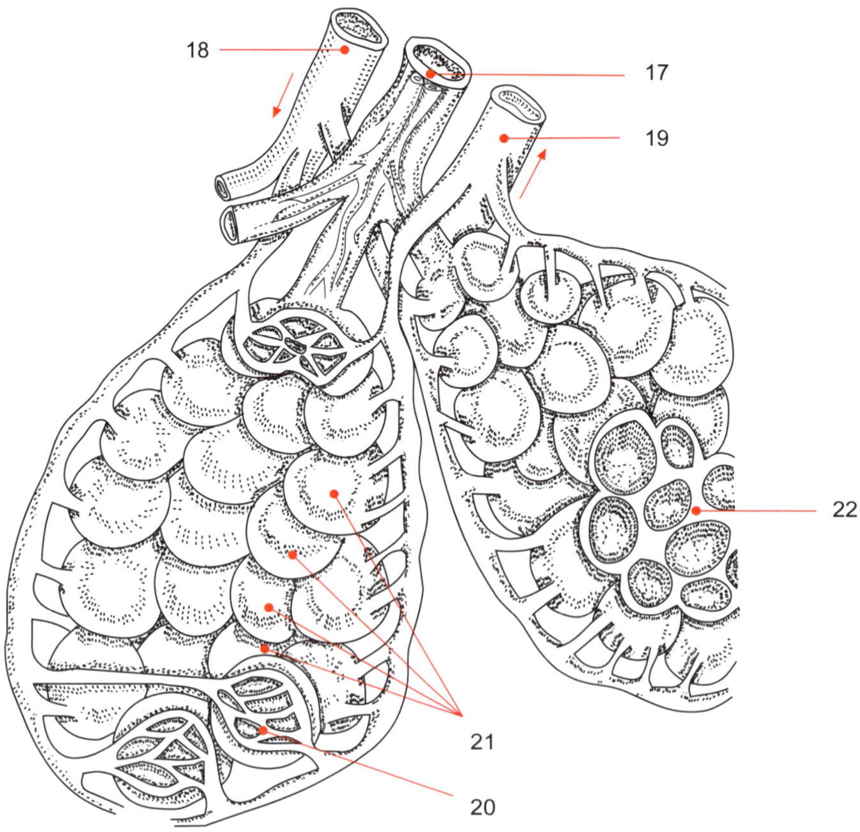

Abb. 9

Atmungssystem

Bronchien und Lungen

Abb. 8

Abb. 9

1

2

3

4

5

6

7

8

9

10

11

12

13

14

15

16

17

18

19

20

21

22

Notizen:

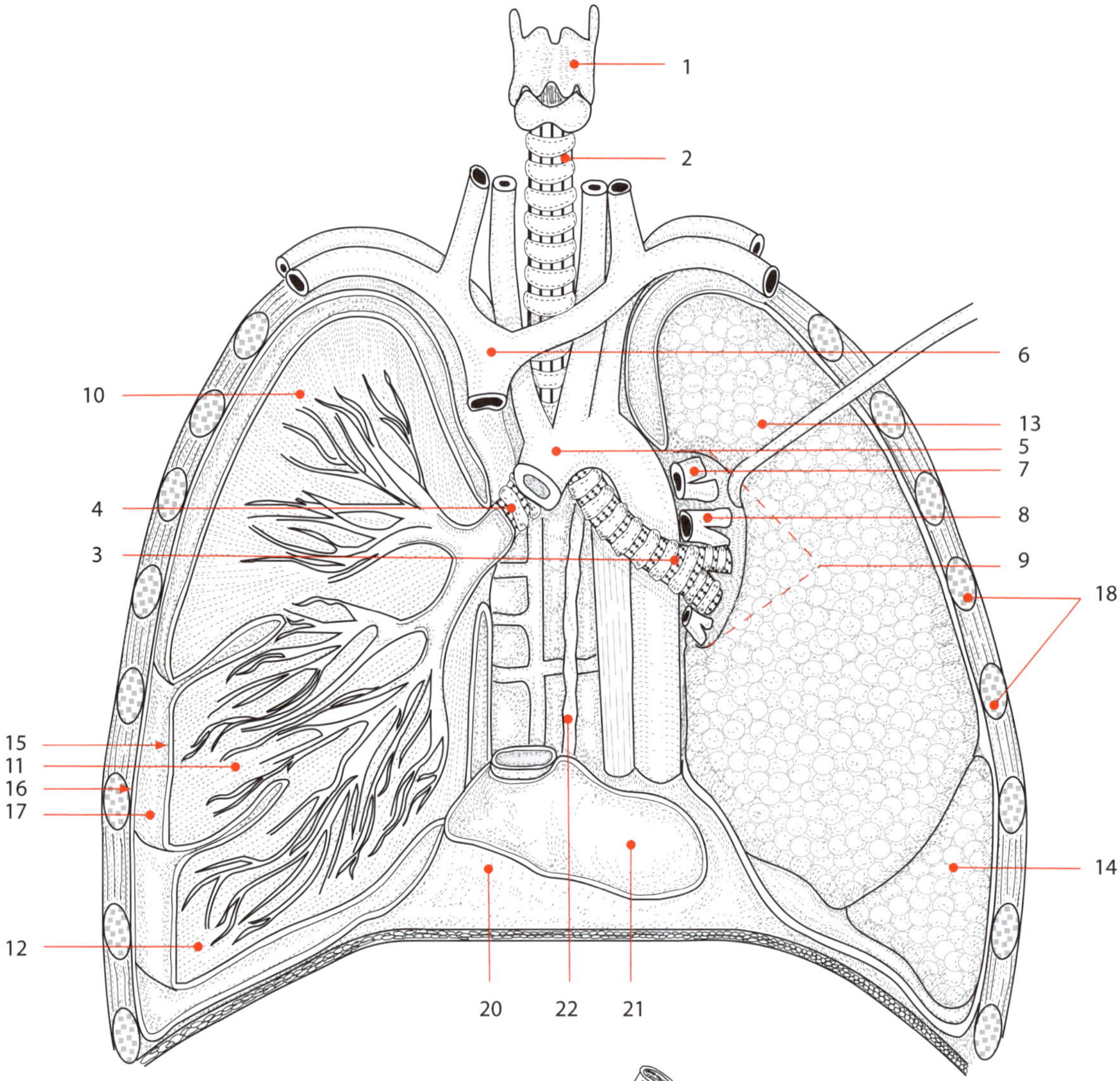

Abb. 10

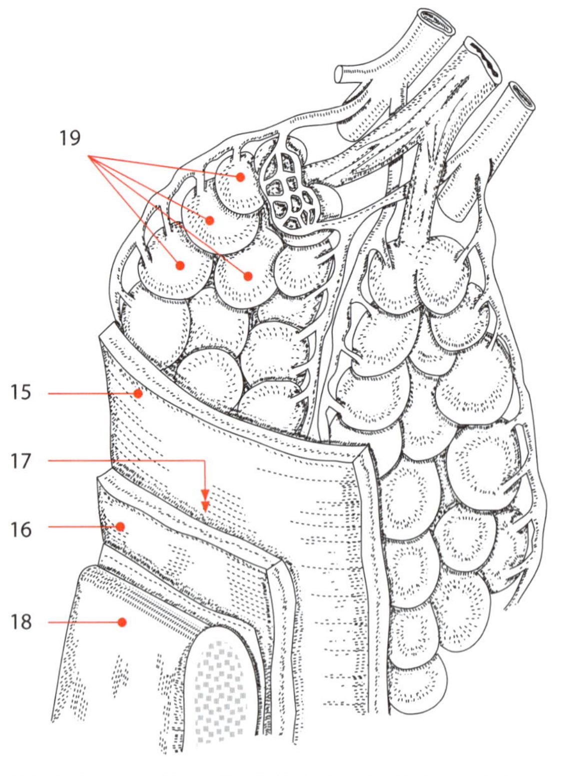

Abb. 11

Atmungssystem

Lungen- und Brustfell

Abb. 10
Abb. 11
1
2
3
4
5
6
7
8
9
10
11
12
13
14
15
16
17
18
19
20
21
22

Notizen:

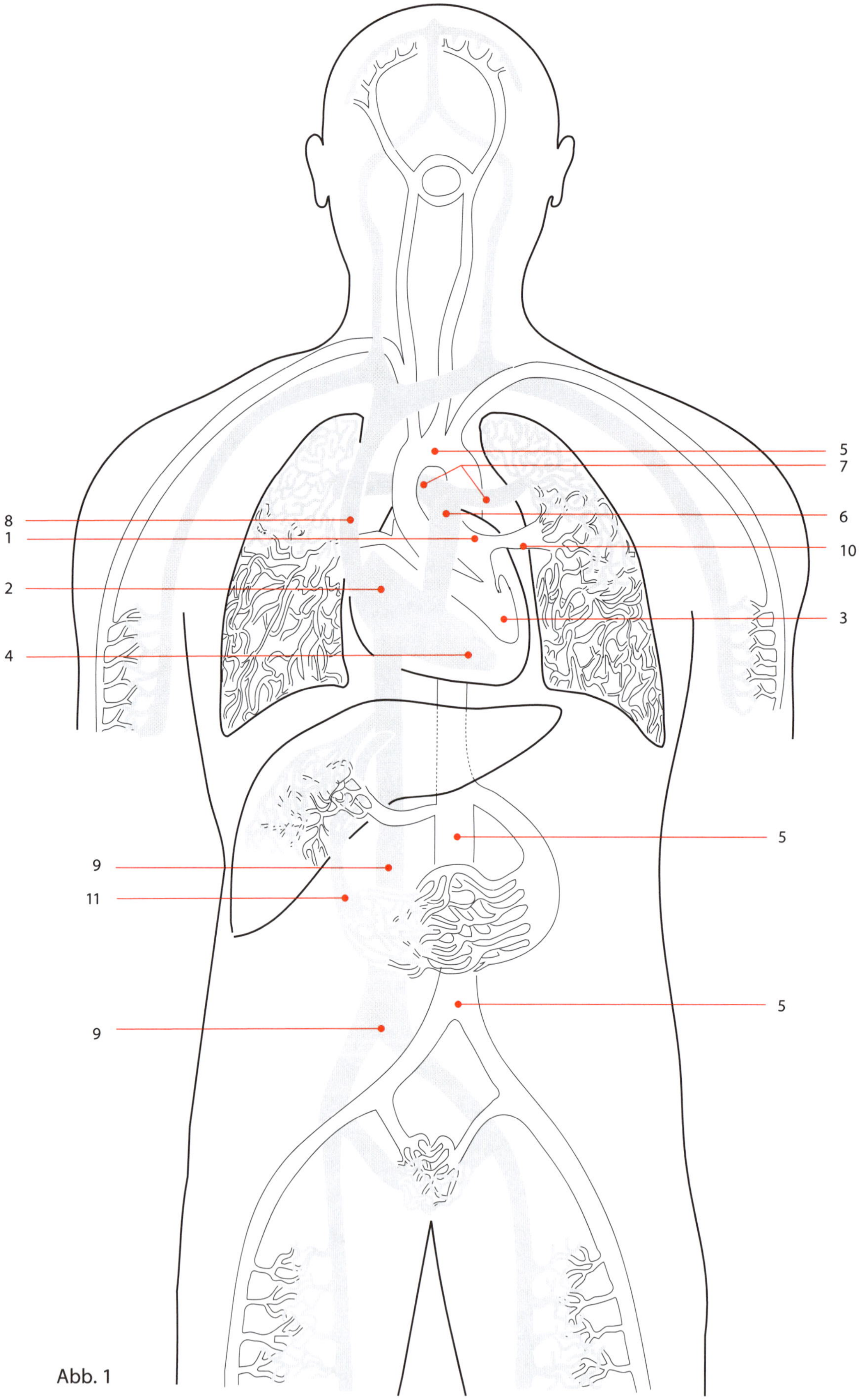

Abb. 1

Herz- und Blutgefäßsystem

Herz- und Blutkreislauf

Abb. 1

1
2
3
4
5
6
7
8
9
10
11

Notizen:

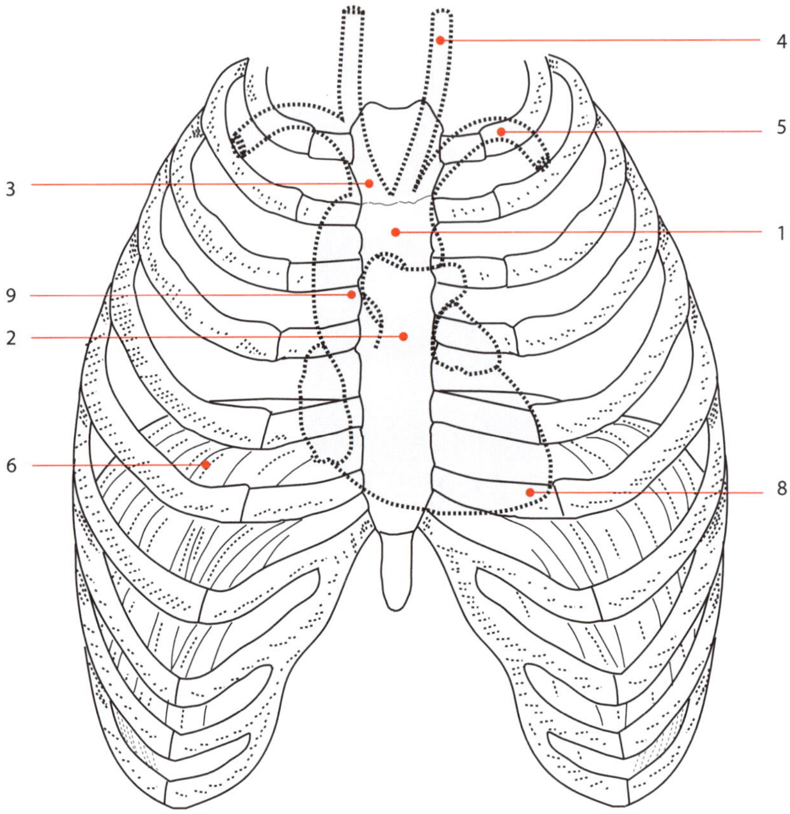

Abb. 2

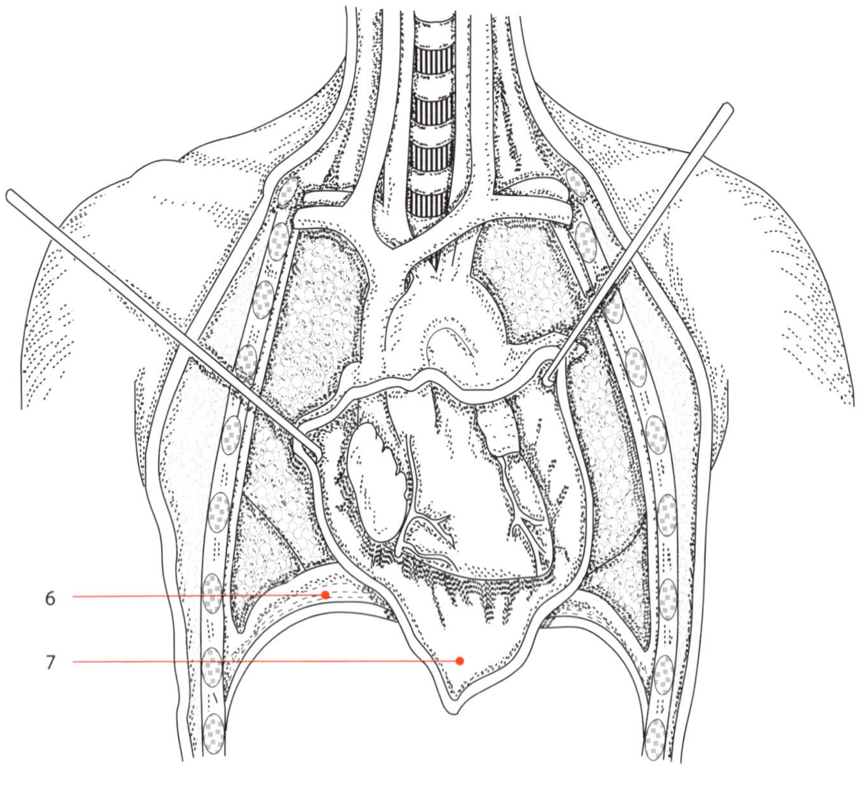

Abb. 3

Herz- und Blutgefäßsystem

Form und Lage des Herzens

Abb. 2
Abb. 3
1
2
3
4
5
6
7
8
9

Notizen:

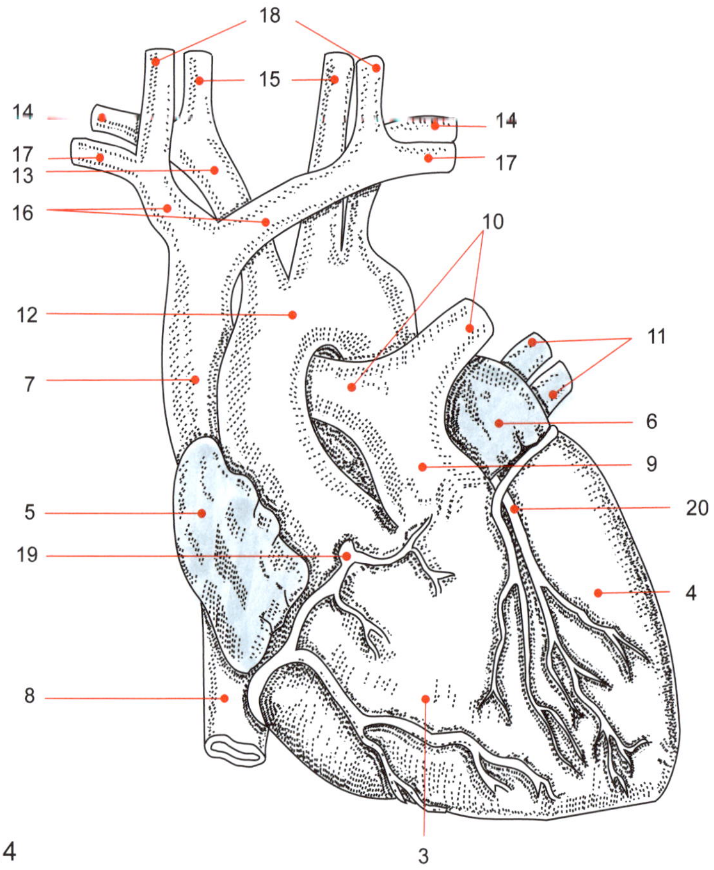

Abb. 4

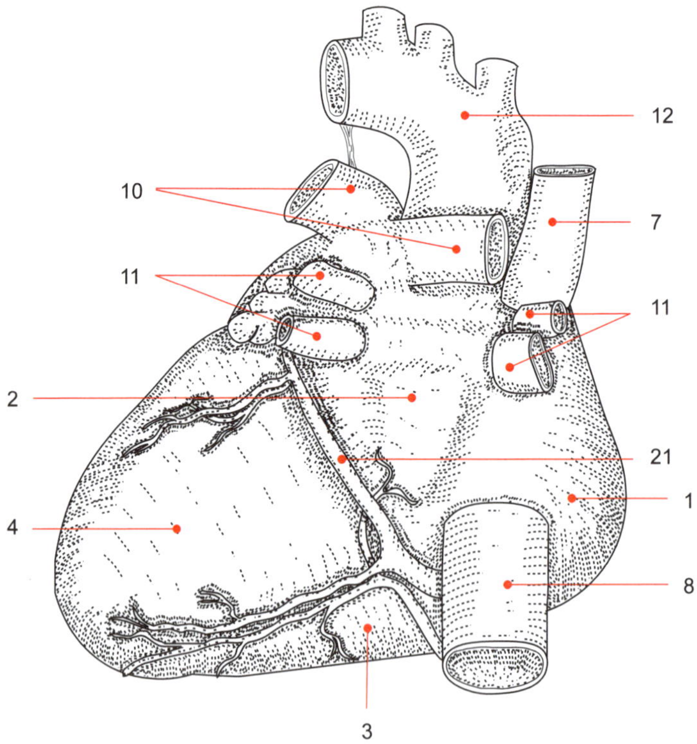

Abb. 5

Herz- und Blutgefäßsystem

Bau des Herzens

Abb. 4
Abb. 5
1
2
3
4
5
6
7
8
9
10
11
12
13
14
15
16
17
18
19
20
21

Notizen:

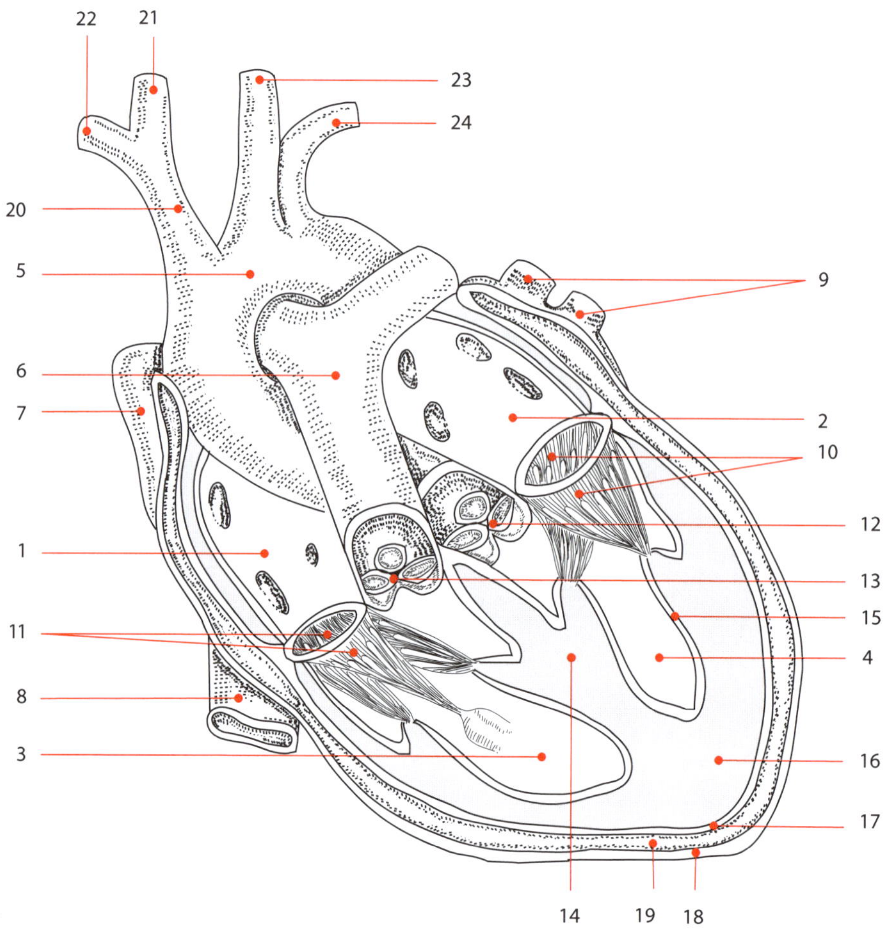
22
21
23
24
20
5
9
6
7
2
10
12
1
13
11
15
4
8
3
16
17
14
19
18

Abb. 6

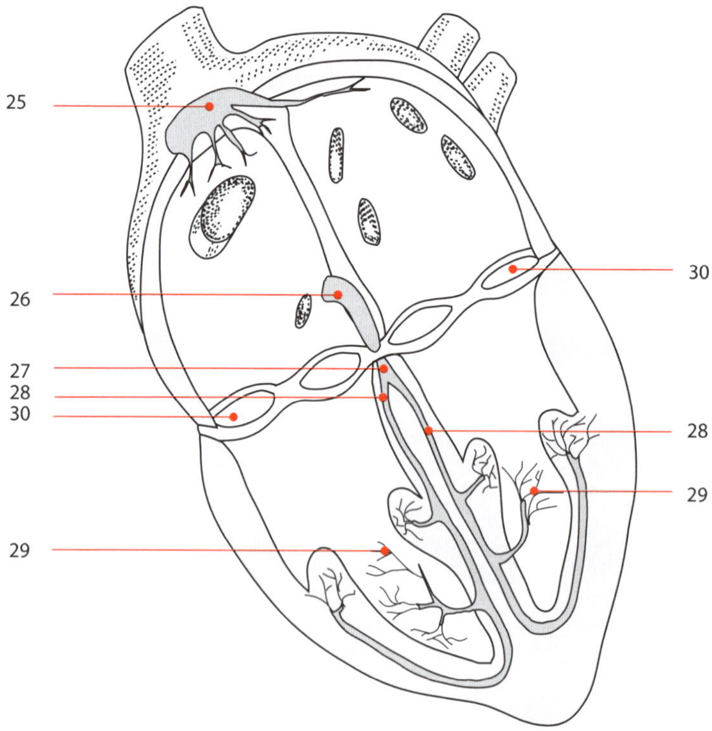
25
30
26
27
28
30
28
29
29

Abb. 7

Herz- und Blutgefäßsystem

Bau und Erregungssystem des Herzens

Abb. 6
Abb. 7
1
2
3
4
5
6
7
8
9
10
11
12
13
14
15
16
17
18
19
20
21
22
23
24
25
26
27
28
29
30

Notizen:

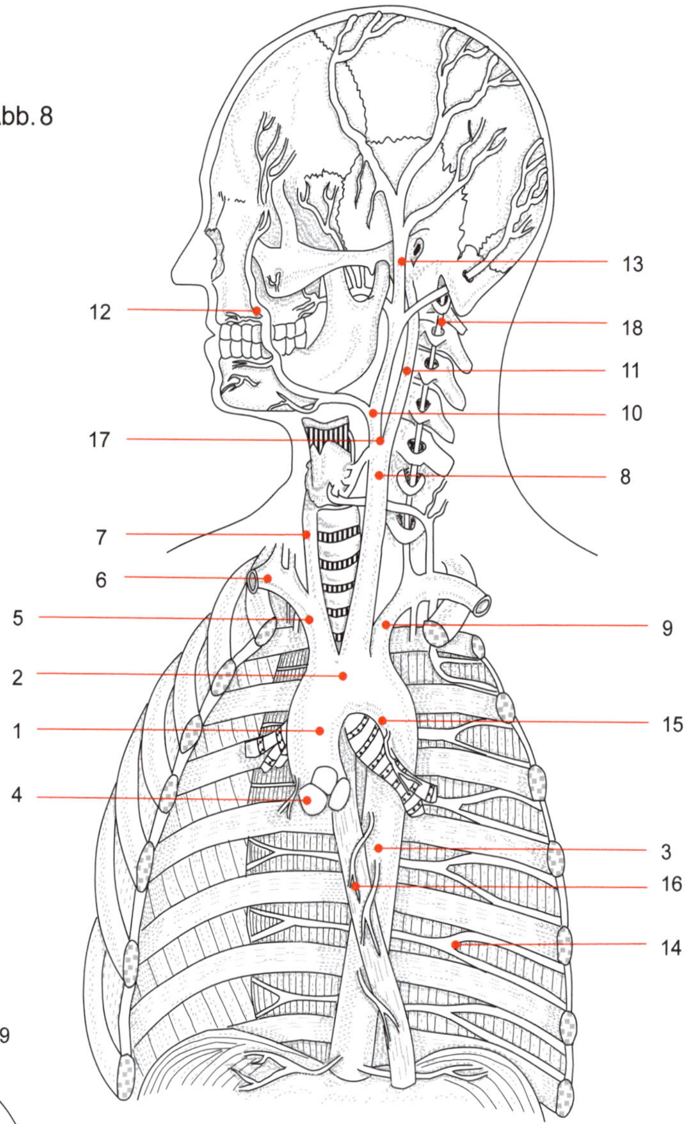

Abb. 8

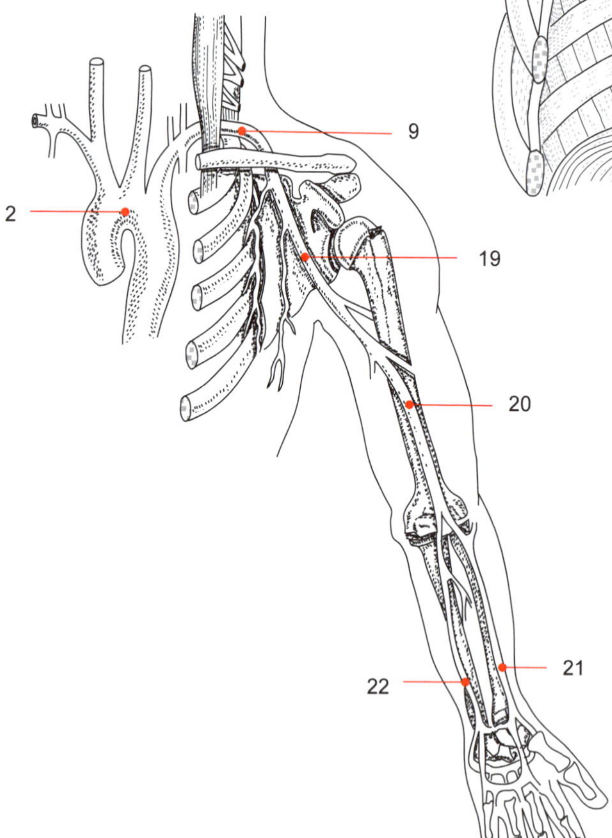

Abb. 9

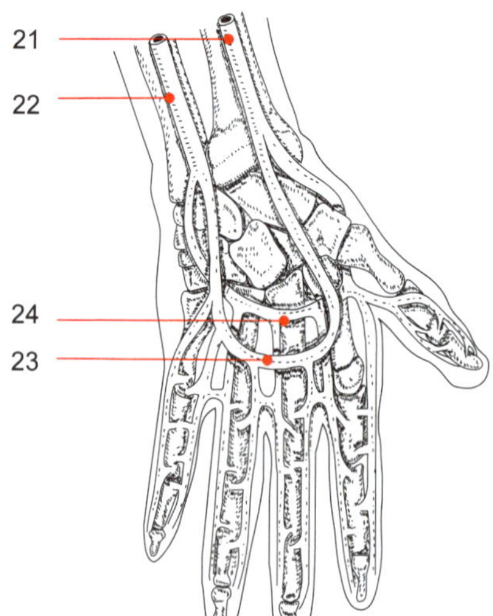

Abb. 10

Herz- und Blutgefäßsystem

Arterielles Gefäßsystem

Abb. 8

Abb. 9–10

1

2

3

4

5

6

7

8

9

10

11

12

13

14

15

16

17

18

19

20

21

22

23

24

Notizen:

Abb. 11

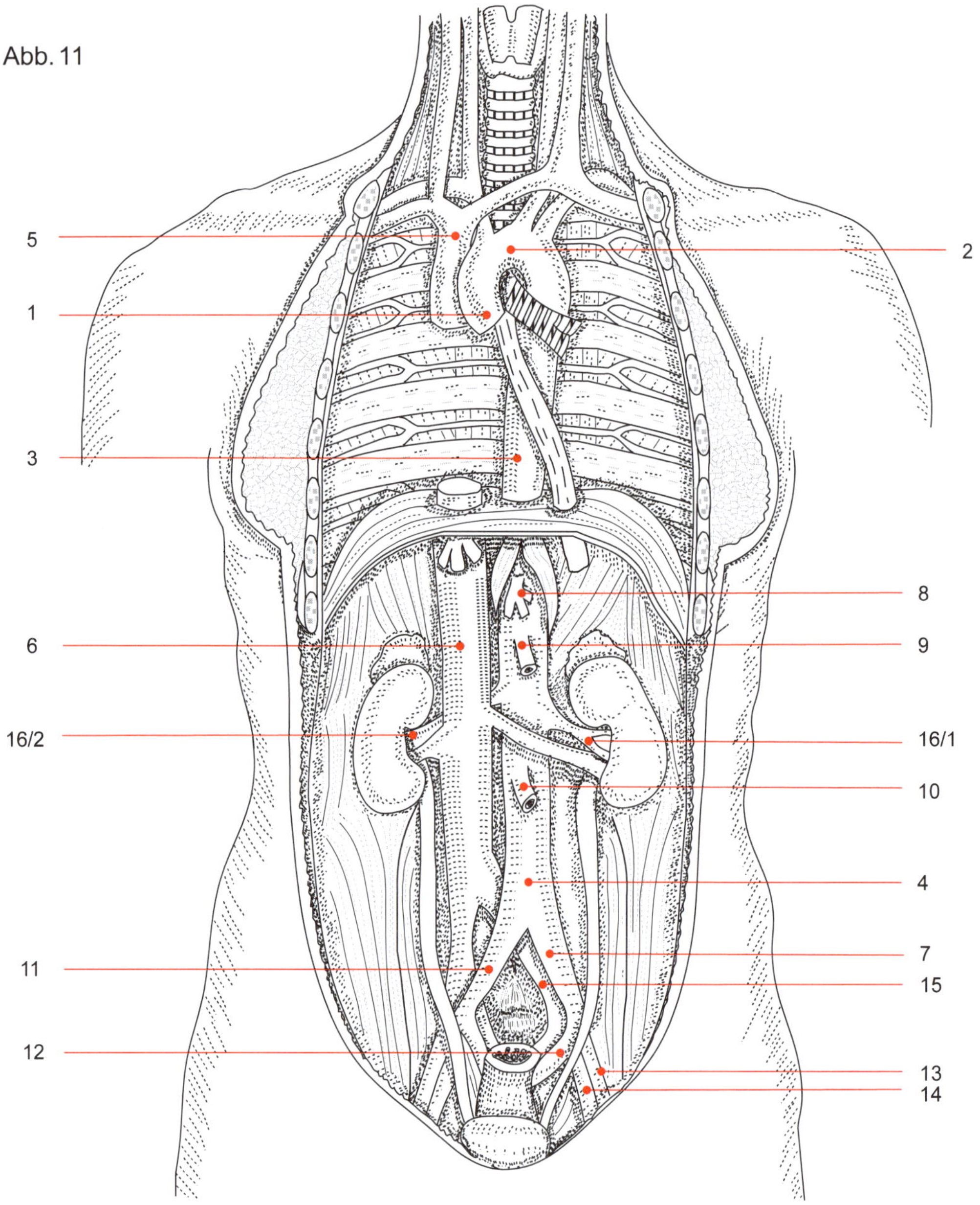

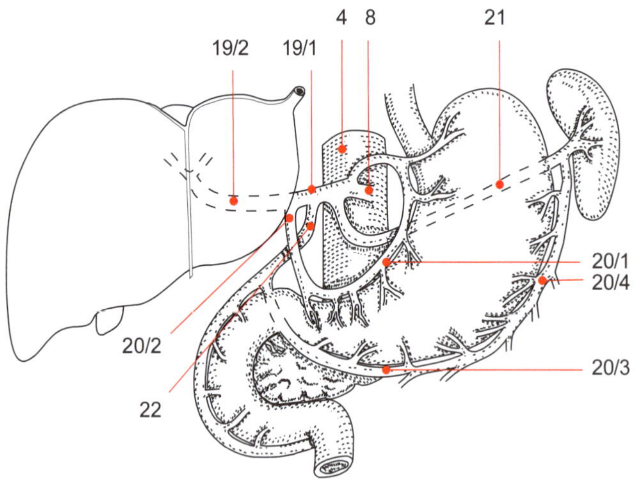

Abb. 12

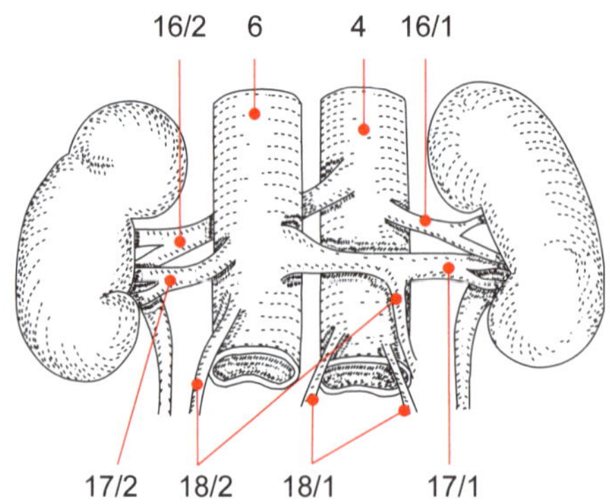

Abb. 13

Herz- und Blutgefäßsystem

Gefäßsystem von Thorax und Bauch

Abb. 11 – 13	
1	
2	
3	
4	
5	
6	
7	
8	
9	
10	
11	
12	
13	
14	
15	
16/1	
16/2	
17/1	
17/2	
18/1♂	
18/1♀	
18/2♂	
18/2♀	
19/1	
19/2	
20/1	
20/2	
20/3	
20/4	
21	
22	

Notizen:

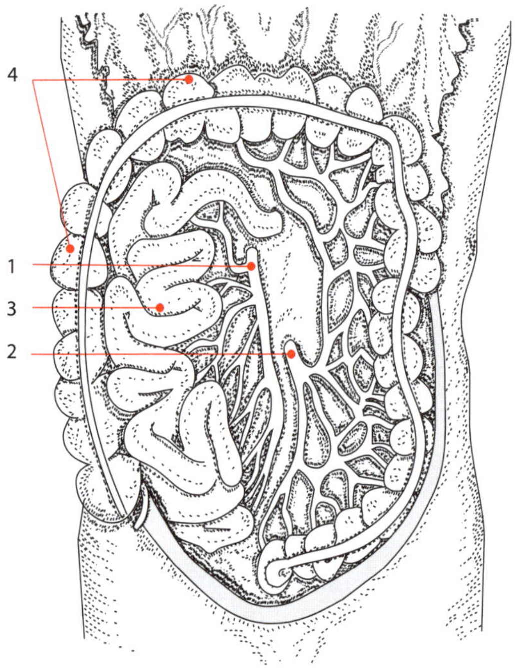

Abb. 14

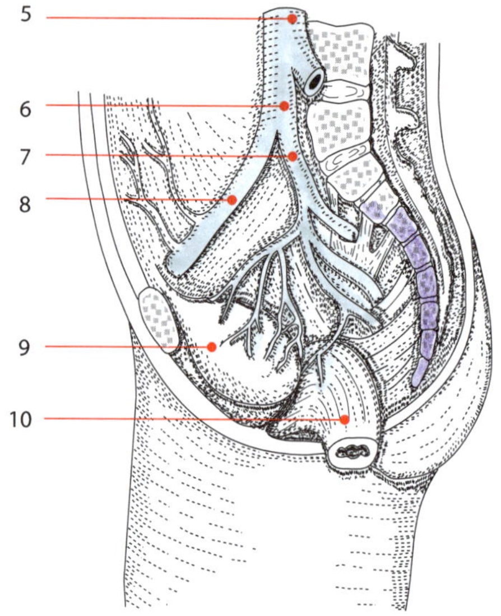

Abb. 15

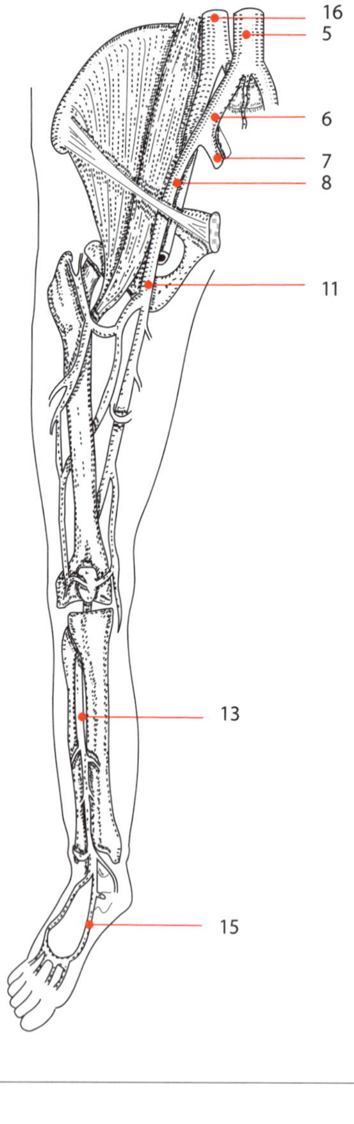

Abb. 16

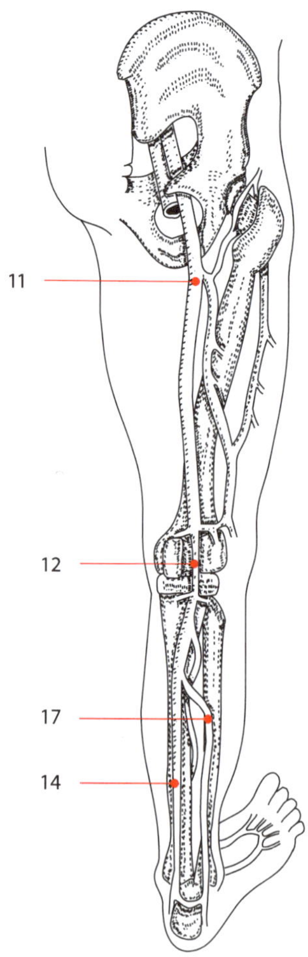

Abb. 17

Herz- und Blutgefäßsystem

Gefäßsystem von Bauch, Becken und Beinen

Abb. 14
Abb. 15
Abb. 16
Abb. 17
1
2
3
4
5
6
7
8
9
10
11
12
13
14
15
16
17

Notizen:

Abb. 18

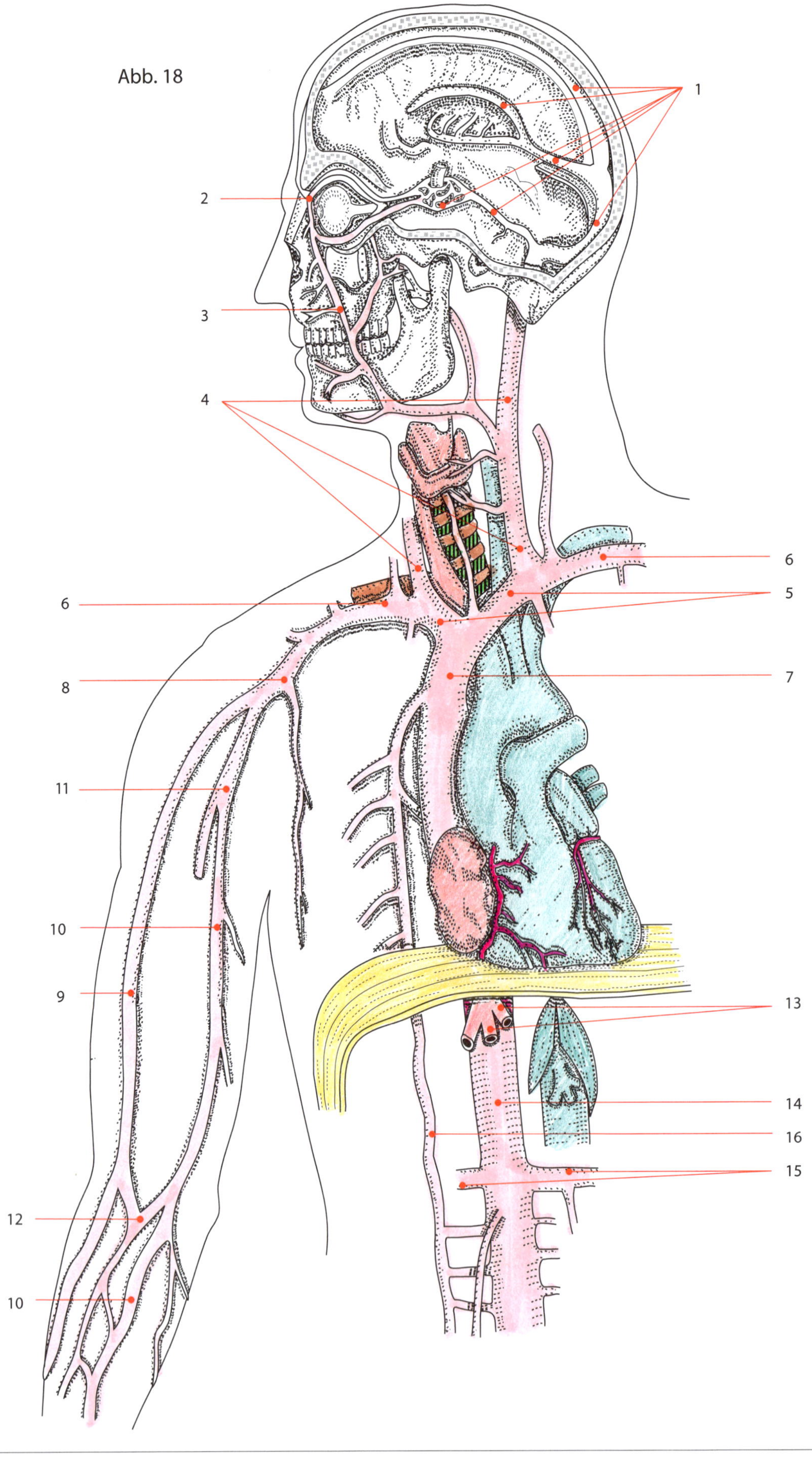

Venen des Kopfes, der Arme und des Brustraumes

Abb. 18

1

2

3

4

5

6

7

8

9

10

11

12

13

14

15

16

Notizen:

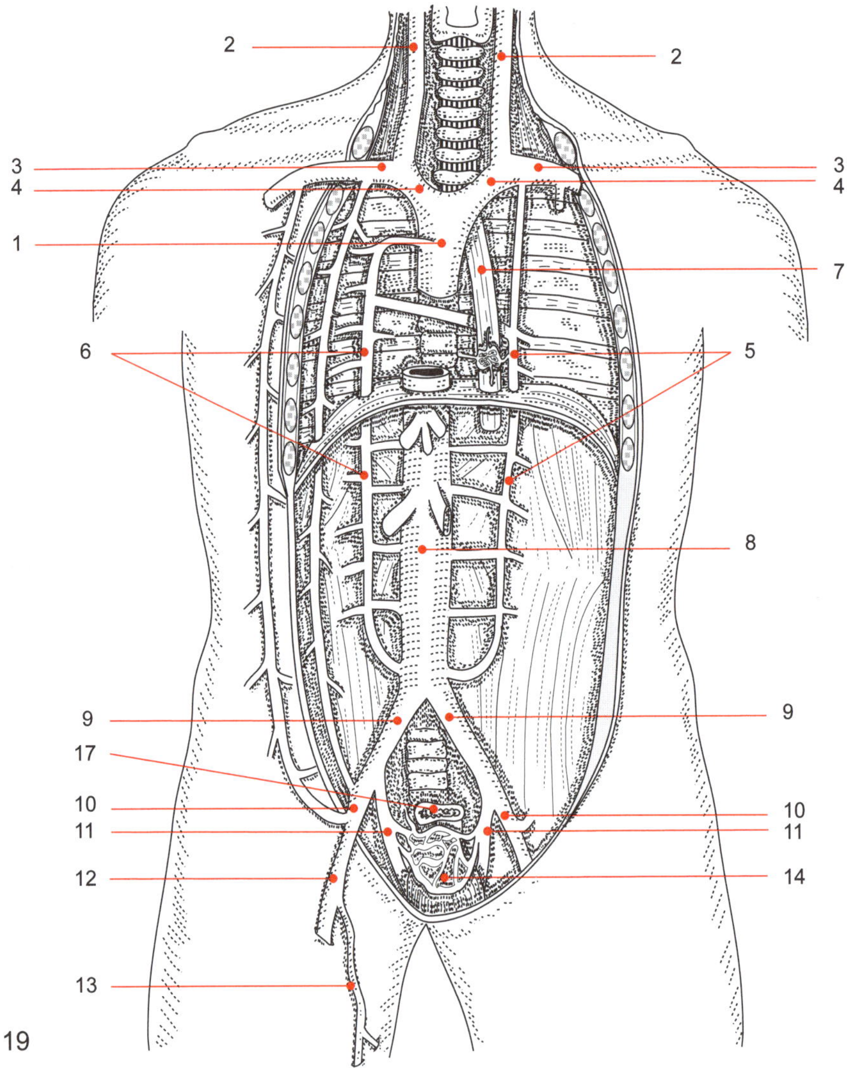

Abb. 19

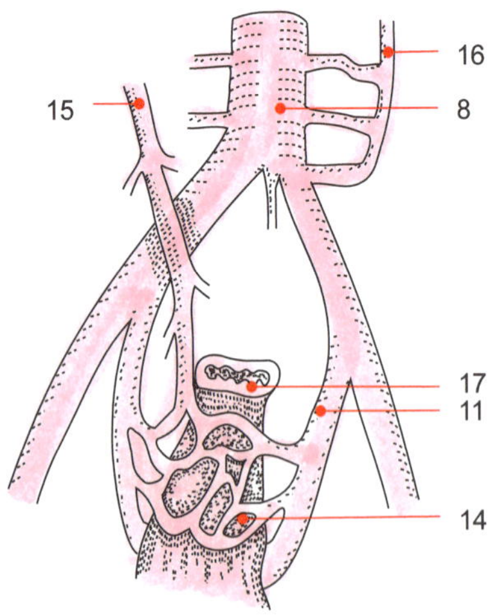

Abb. 20

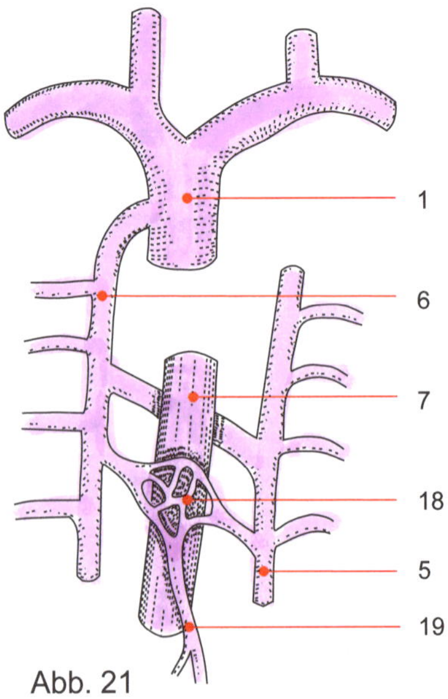

Abb. 21

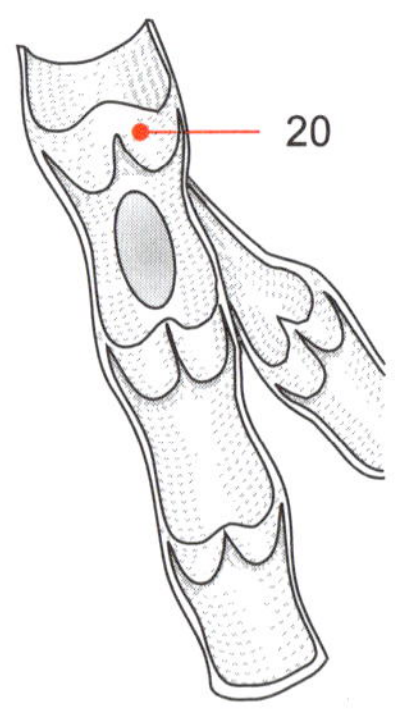

Abb. 22

Venen des Brust- und Bauchraumes

Abb. 19
Abb. 20
Abb. 21
Abb. 22
1
2
3
4
5
6
7
8
9
10
11
12
13
14
15
16
17
18
19
20

Notizen:

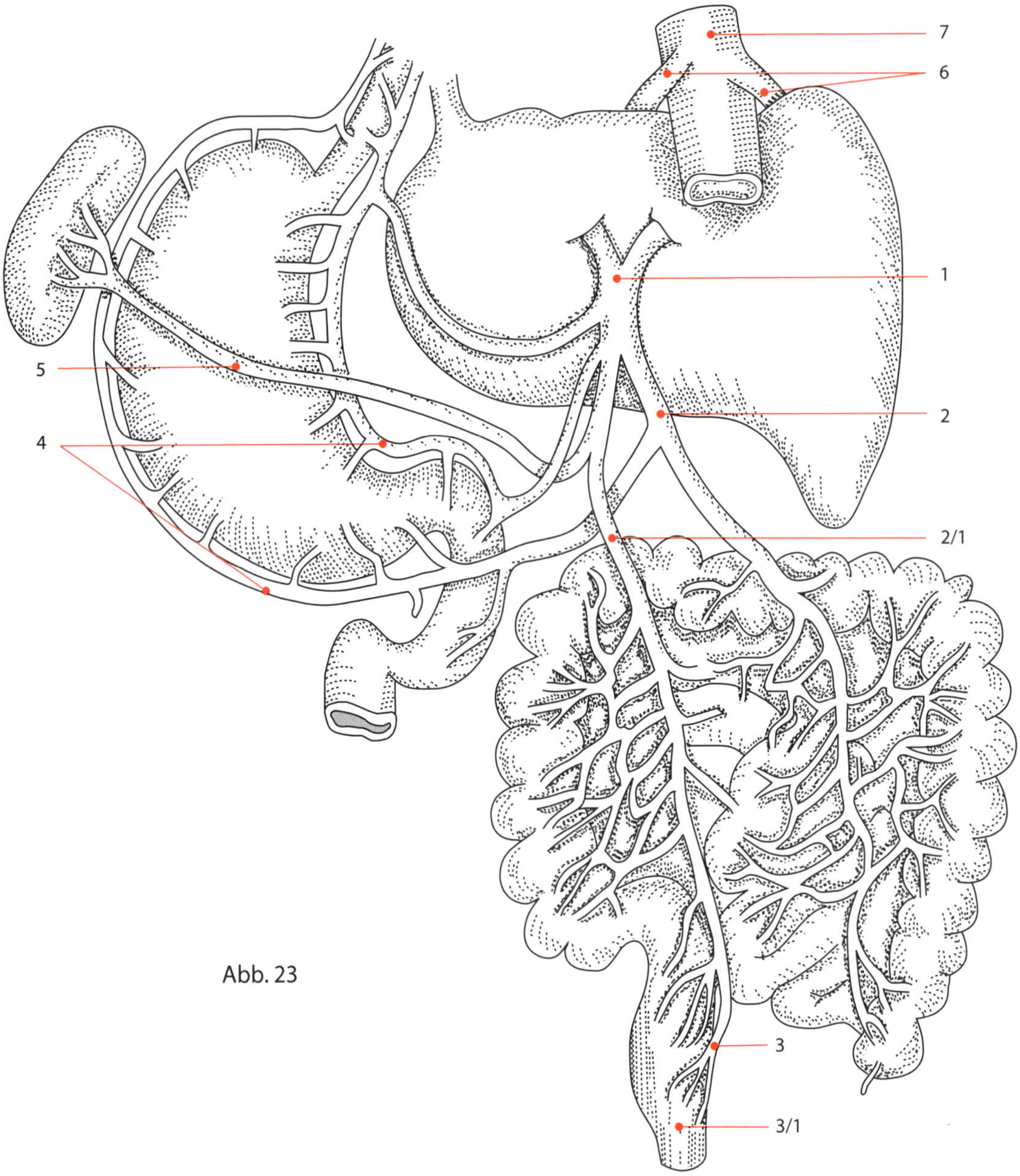

Abb. 23

Herz- und Blutgefäßsystem

Pfortaderkreislauf

Abb. 23
1
2
2/1
3
3/1
4
5
6
7

Notizen:

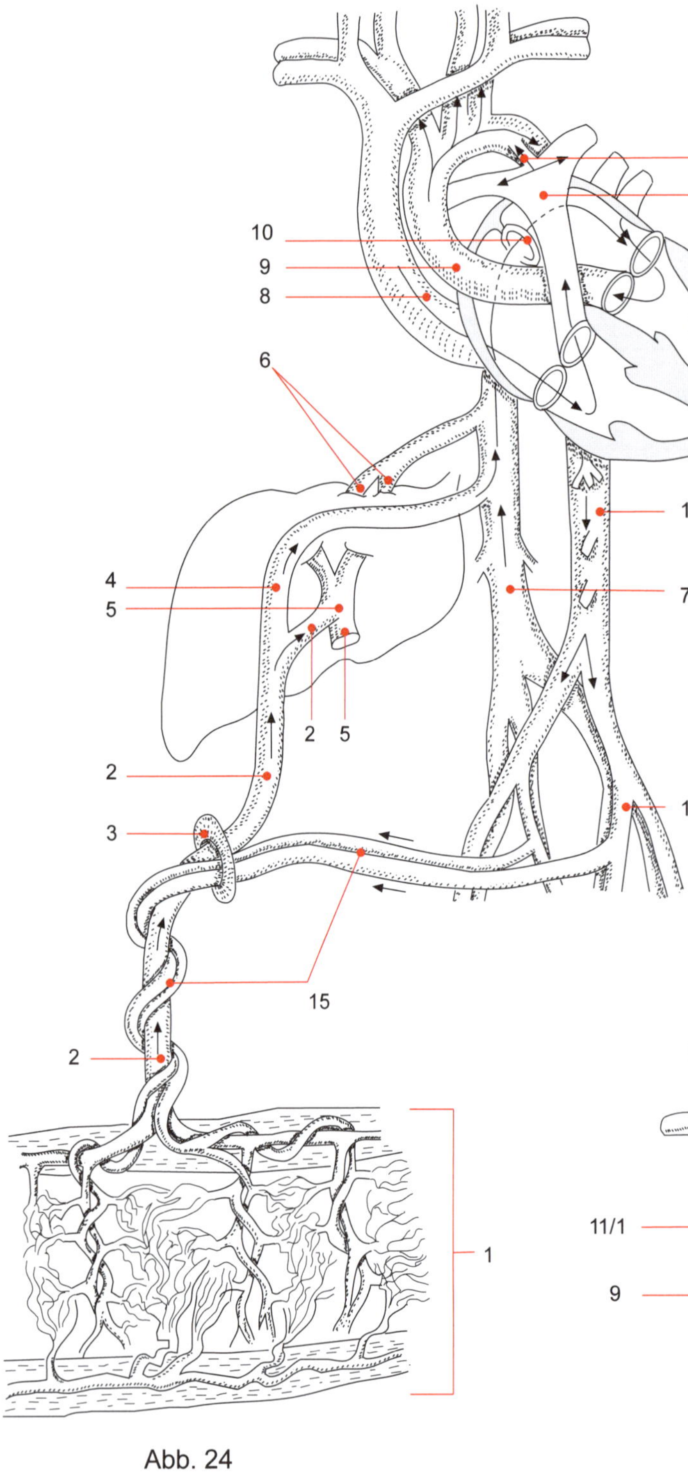

Abb. 24

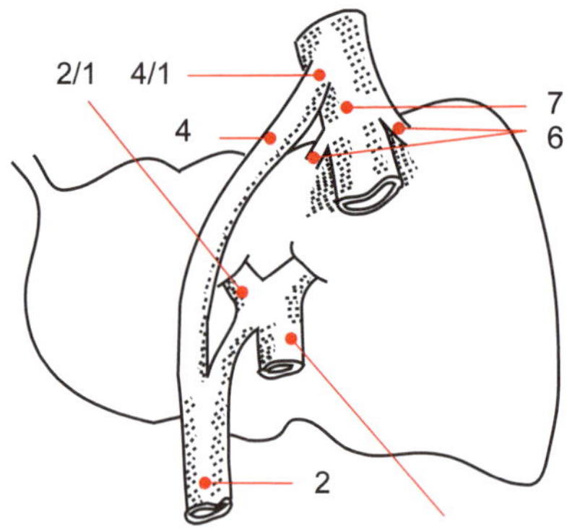

Abb. 25

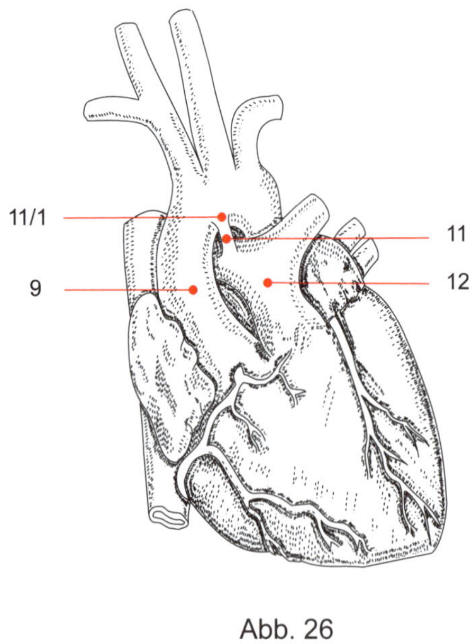

Abb. 26

Herz- und Blutgefäßsystem

Fetalkreislauf

Abb. 24 – 26

1
2
2/1
3
4
4/1
5
6
7
8
9
10
11
11/1
12
13
14
15

Notizen:

Abb. 1

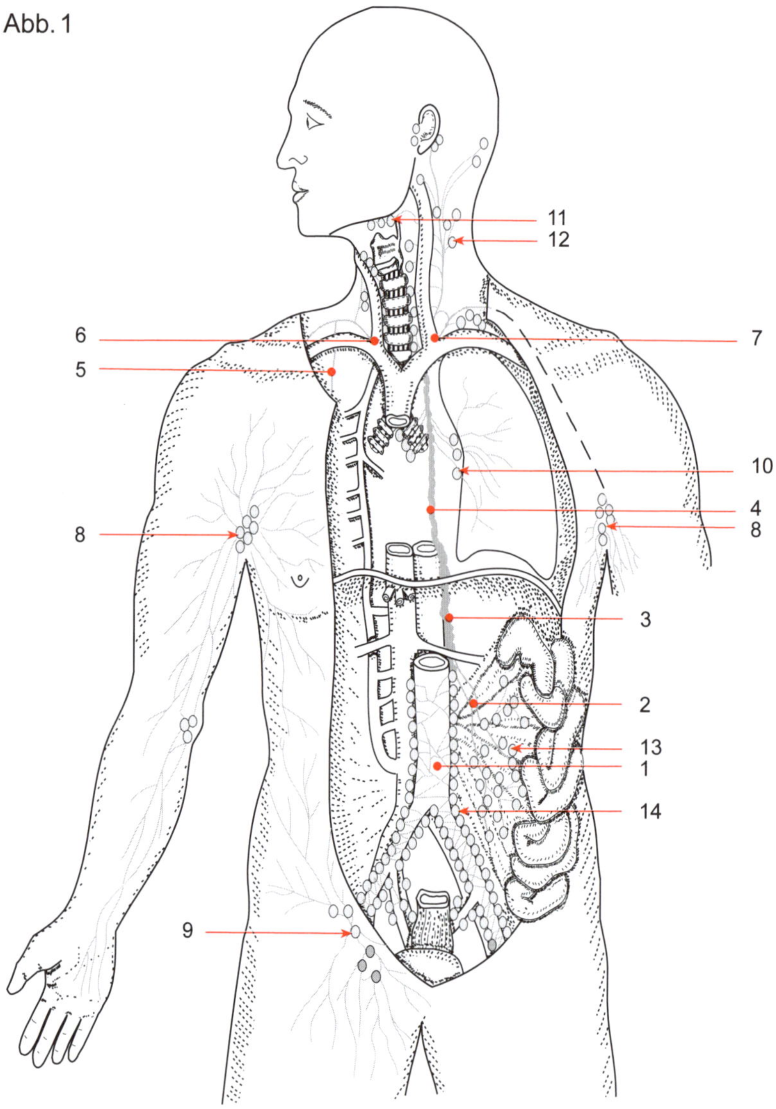

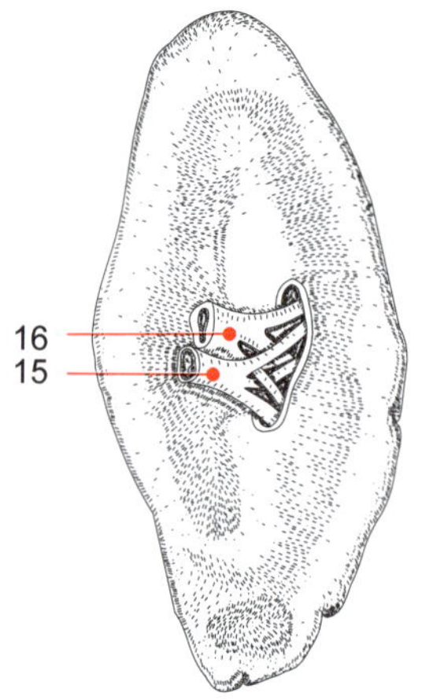

Abb. 3

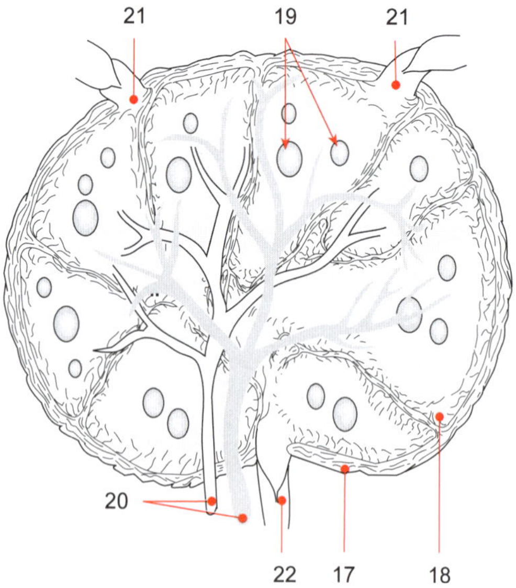

Abb. 2

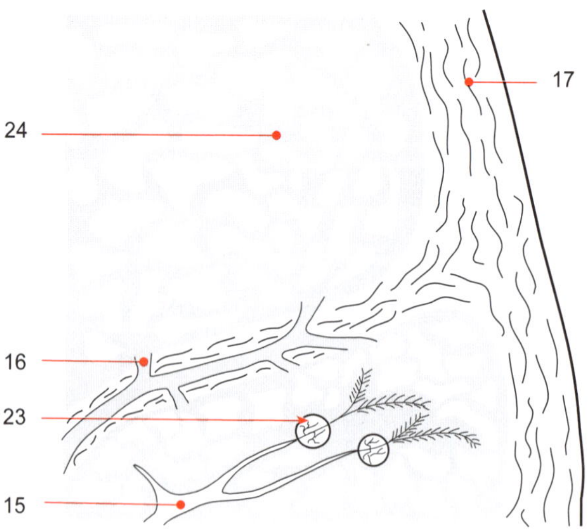

Abb. 4

Lymphsystem

Lymphsystem

Abb. 1
Abb. 2
Abb. 3
Abb. 4
1
2
3
4
5
6
7
8
9
10
11
12
13
14
15
16
17
18
19
20
21
22
23
24

Notizen:

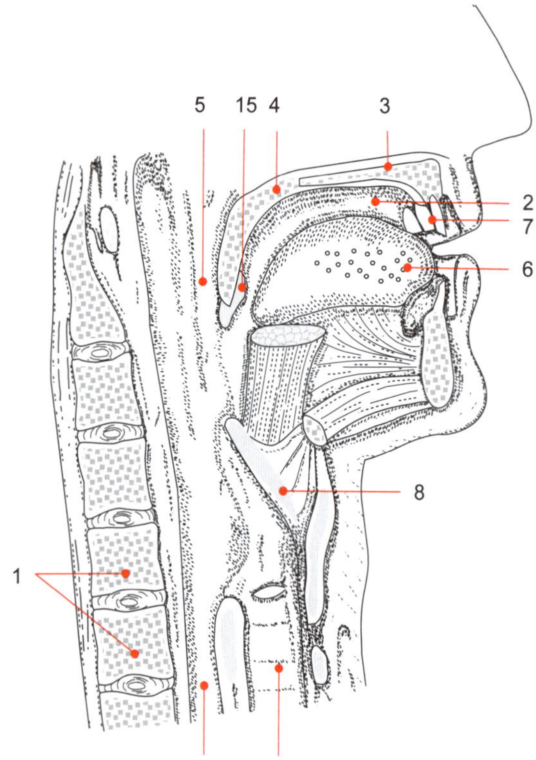

Abb. 1

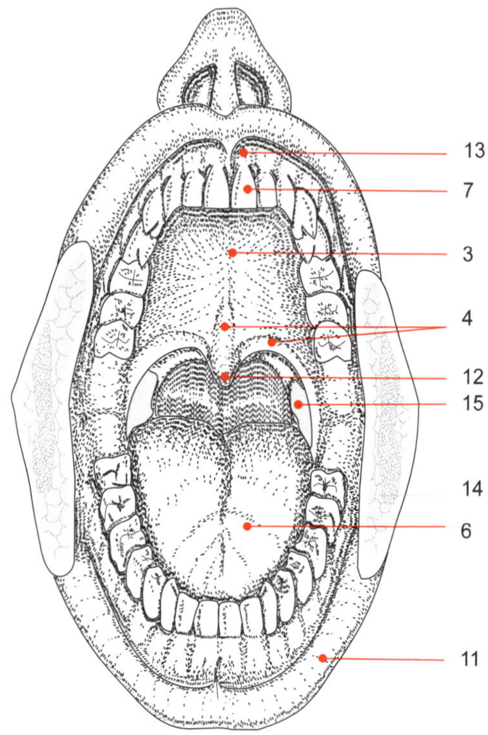

Abb. 2

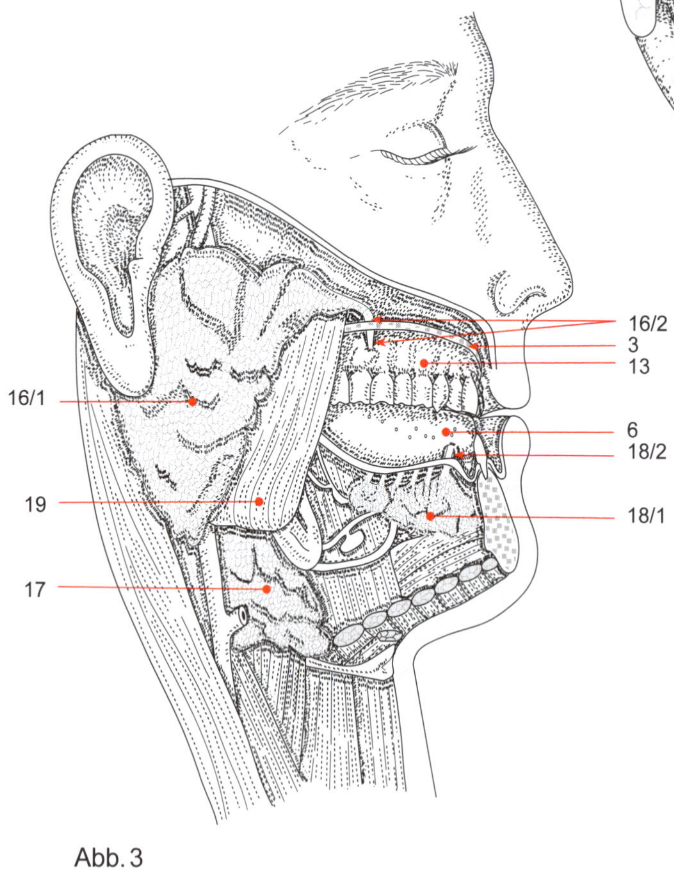

Abb. 3

Verdauungssystem

Mundhöhle und Speicheldrüsen

Abb. 1–3
1
2
3
4
5
6
7
8
9
10
11
12
13
14
15
16/1
16/2
17
18/1
18/2
19

Notizen:

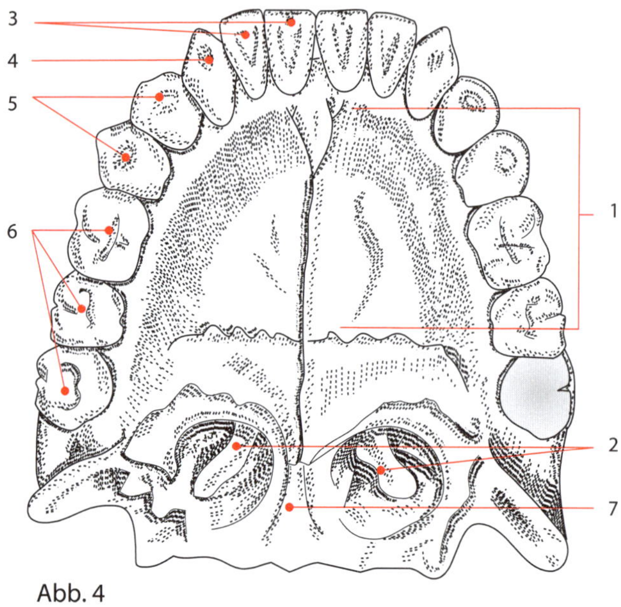

Abb. 4

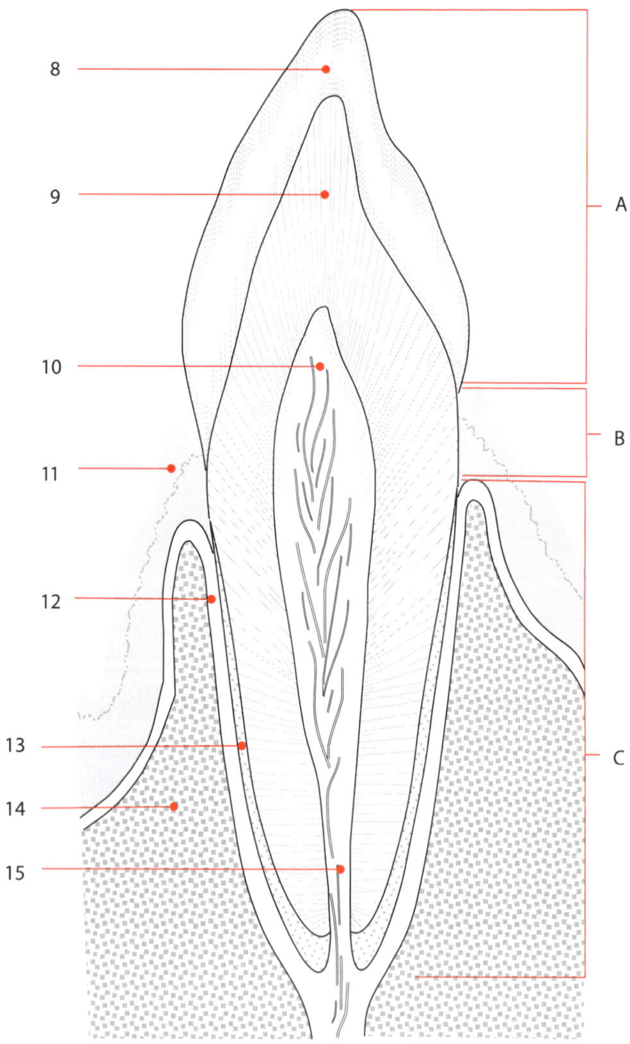

Abb. 6

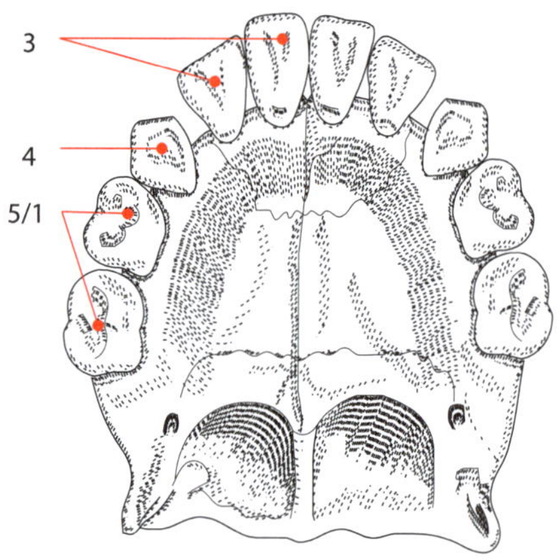

Abb. 5

Verdauungssystem

Zähne und Gebiss

Abb. 4
Abb. 5
Abb. 6
1
2
3
4
5
5/1
6
7
8
9
10
11
12
13
14
15
A
B
C

Notizen:

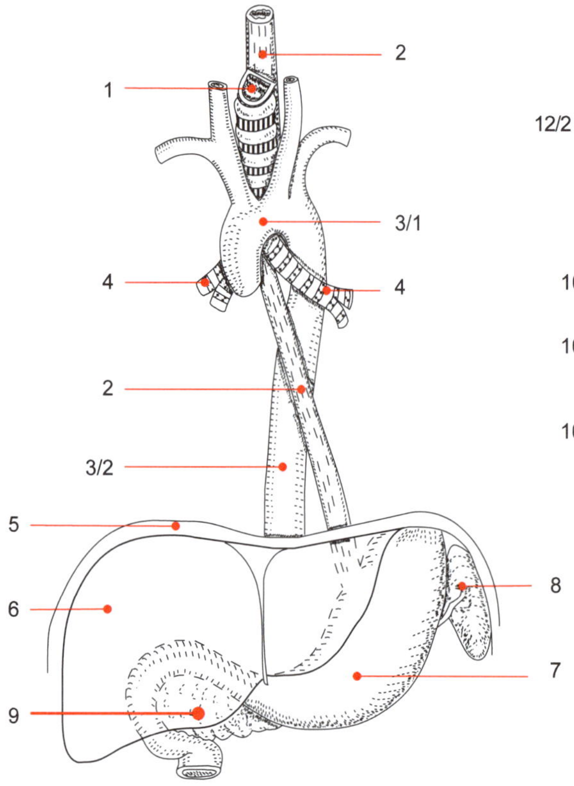

Abb. 7

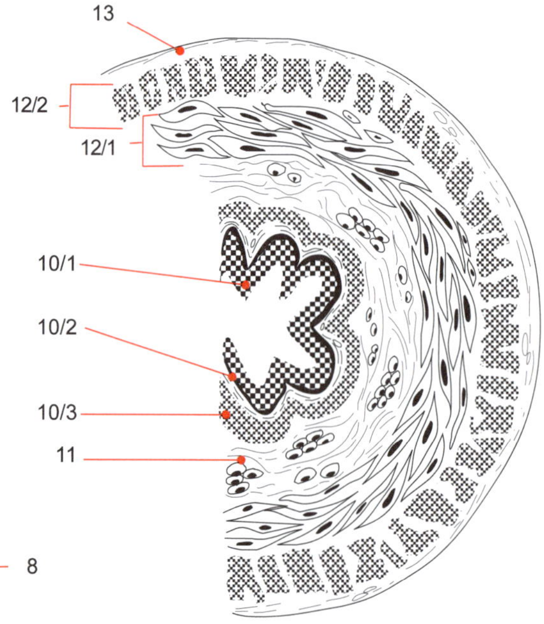

Abb. 8

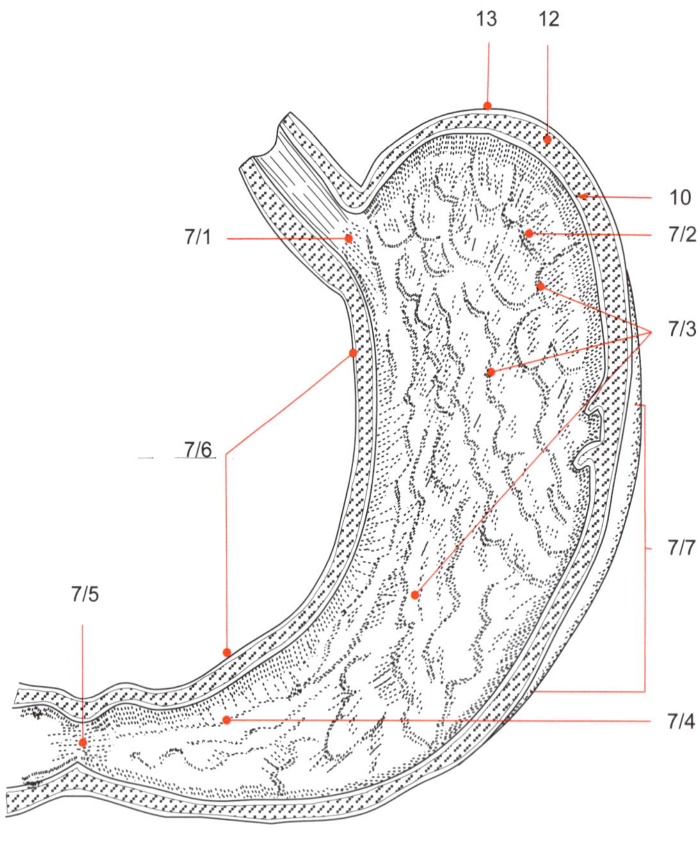

Abb. 9

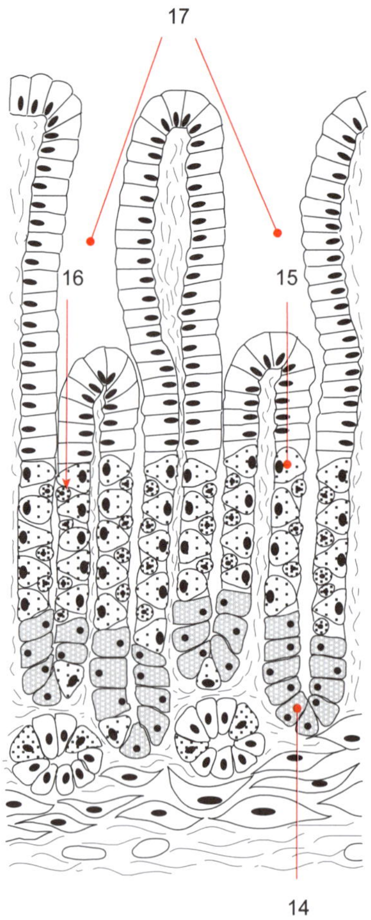

Abb. 10

Verdauungssystem

Speiseröhre und Magen

Abb. 7
Abb. 8
Abb. 9
Abb. 10
1
2
3/1
3/2
4
5
6
7
7/1
7/2
7/3
7/4
7/5
7/6
7/7
8
9
10
10/1
10/2
10/3
11
12
12/1
12/2
13
14
15
16
17

Notizen:

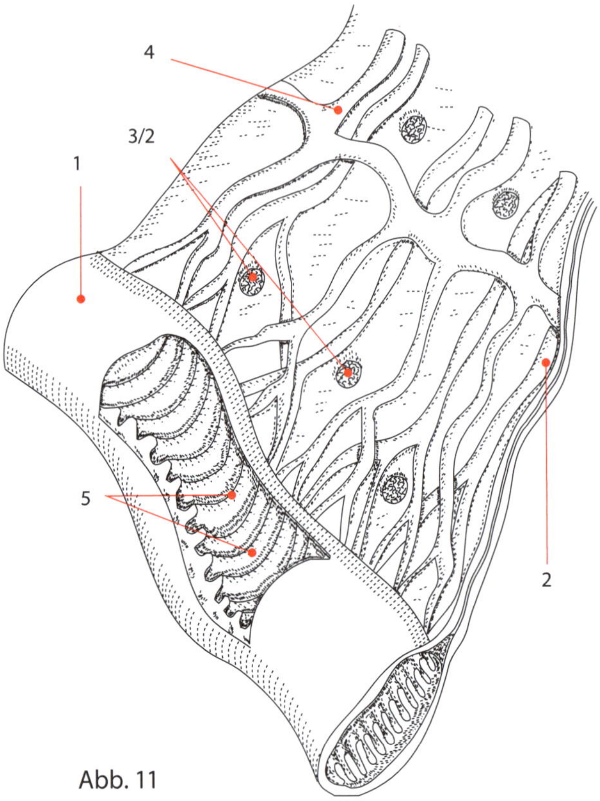

Abb. 11

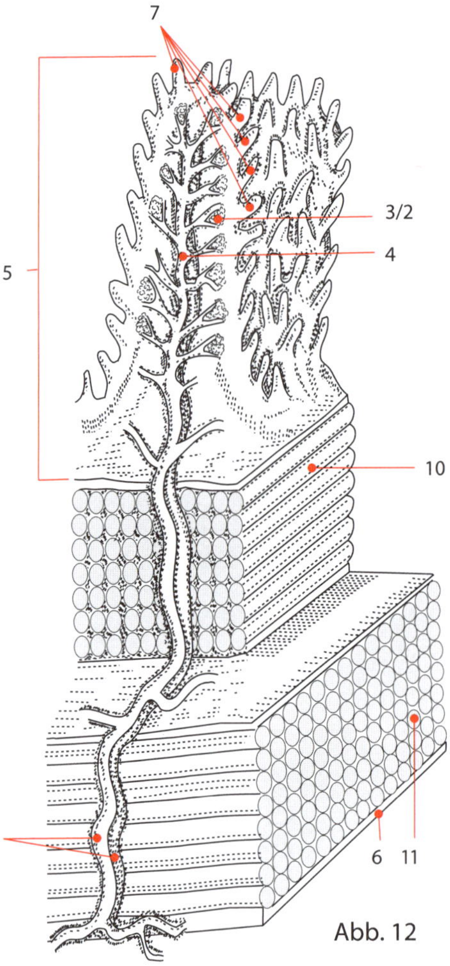

Abb. 12

Abb. 13

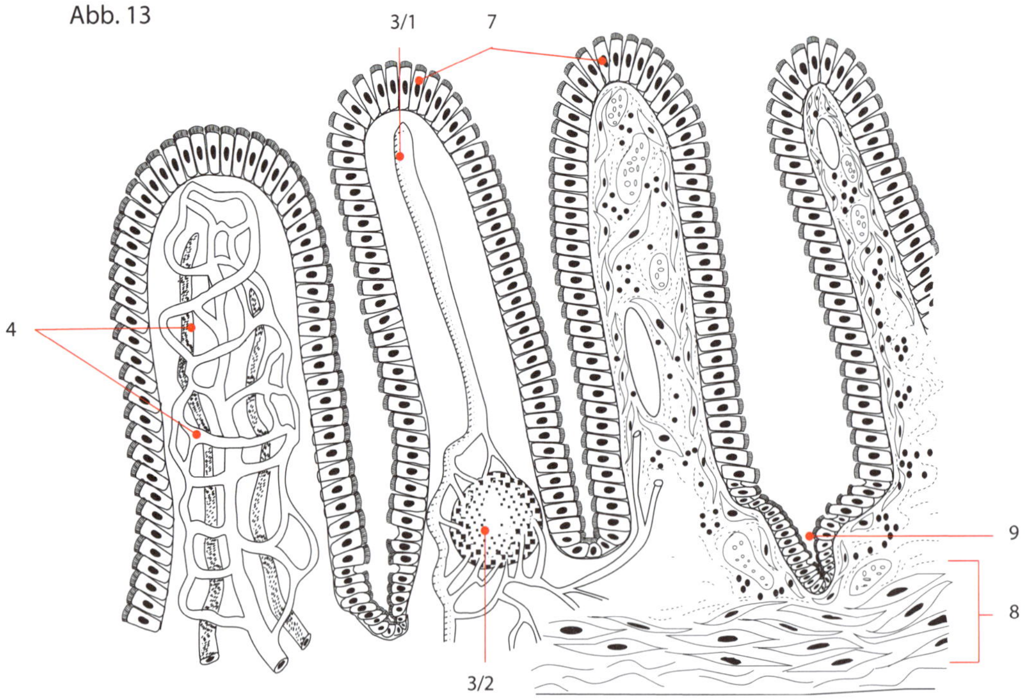

Verdauungssystem

Dünndarm

Abb. 11

Abb. 12–13

1

2

3/1

3/2

4

5

6

7

8

9

10

11

Notizen:

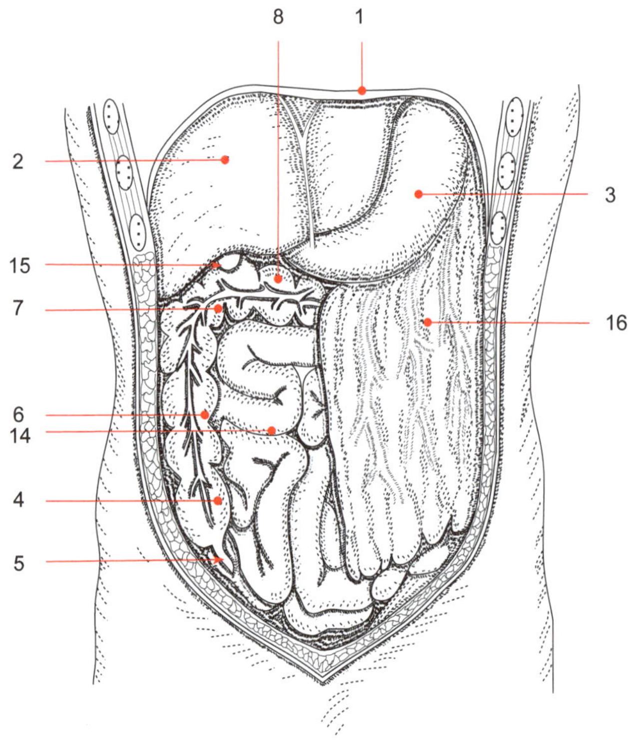

Abb. 14

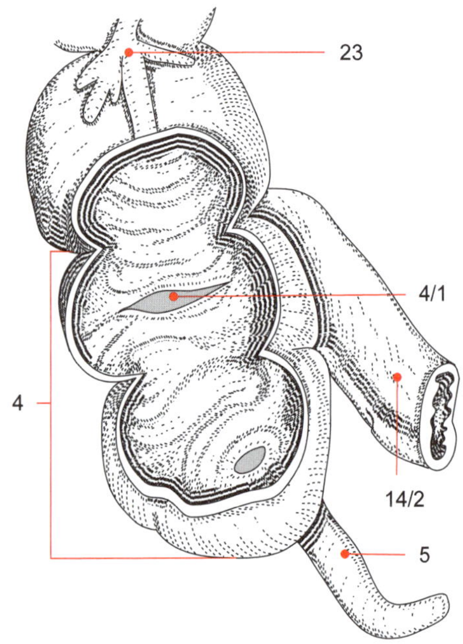

Abb. 15

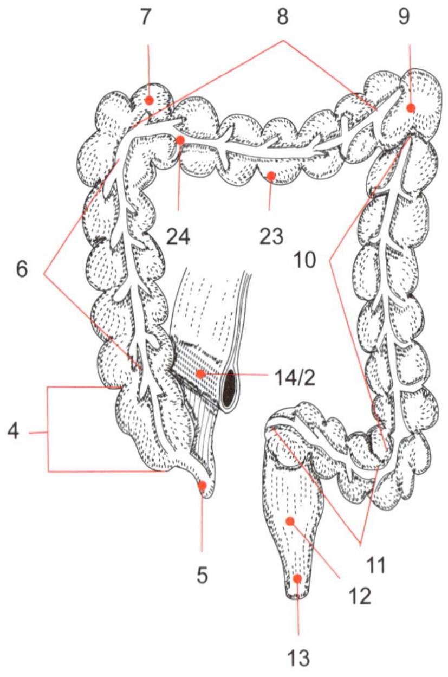

Abb. 16

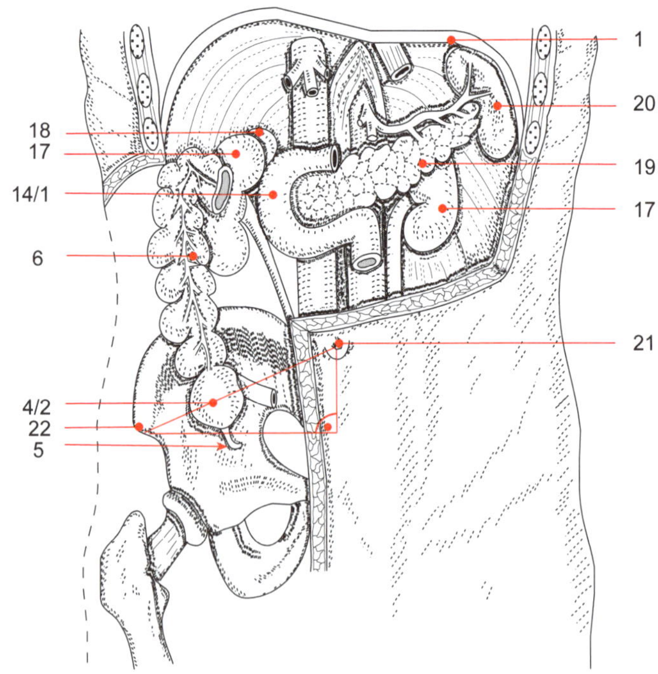

Abb. 17

Verdauungssystem

Dickdarm (Bau und Lagebezeichnungen)

Abb. 14
Abb. 15
Abb. 16
Abb. 17
1
2
3
4
4/1
4/2
5
6
7
8
9
10
11
12
13
14
14/1
14/2
15
16
17
18
19
20
21
22
23
24

Notizen:

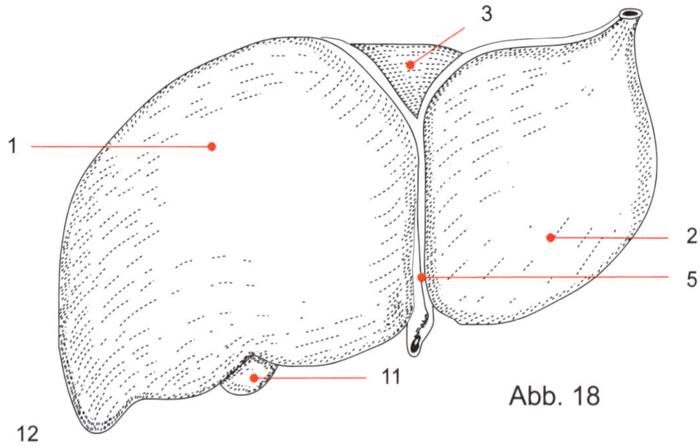

Abb. 18

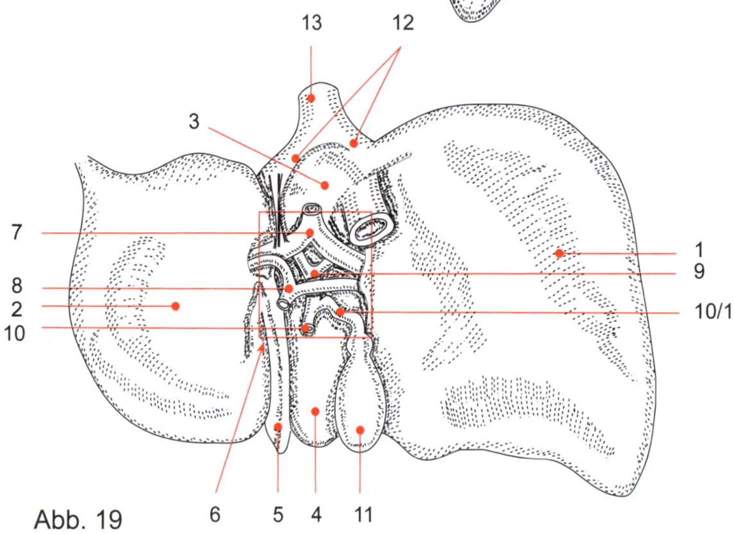

Abb. 19

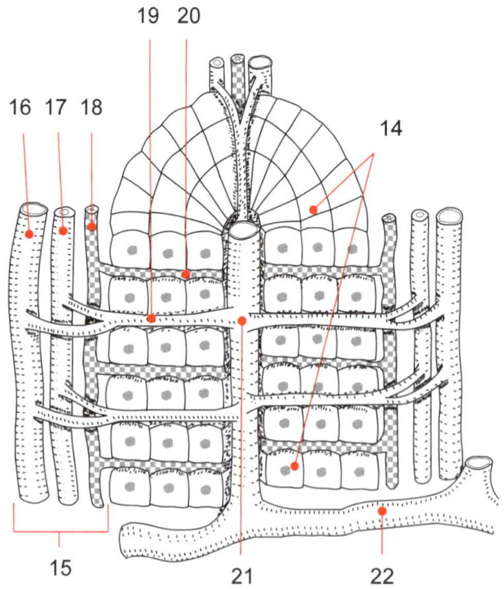

Abb. 20

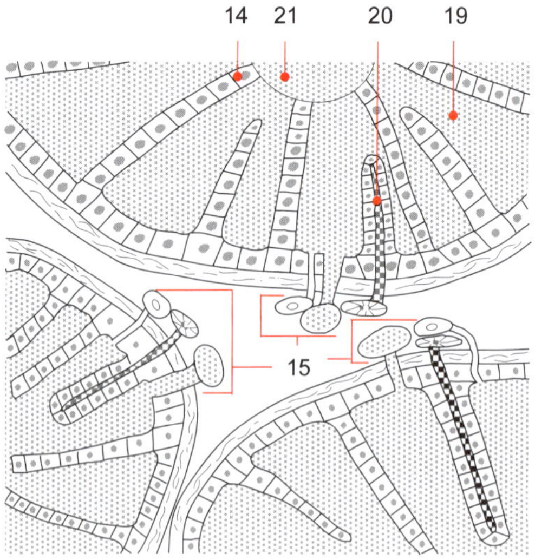

Abb. 21

Verdauungssystem

Leber

Abb. 18
Abb. 19
Abb. 20 – 21
1
2
3
4
5
6
7
8
9
10
10/1
11
12
13
14
15
16
17
18
19
20
21
22

Notizen:

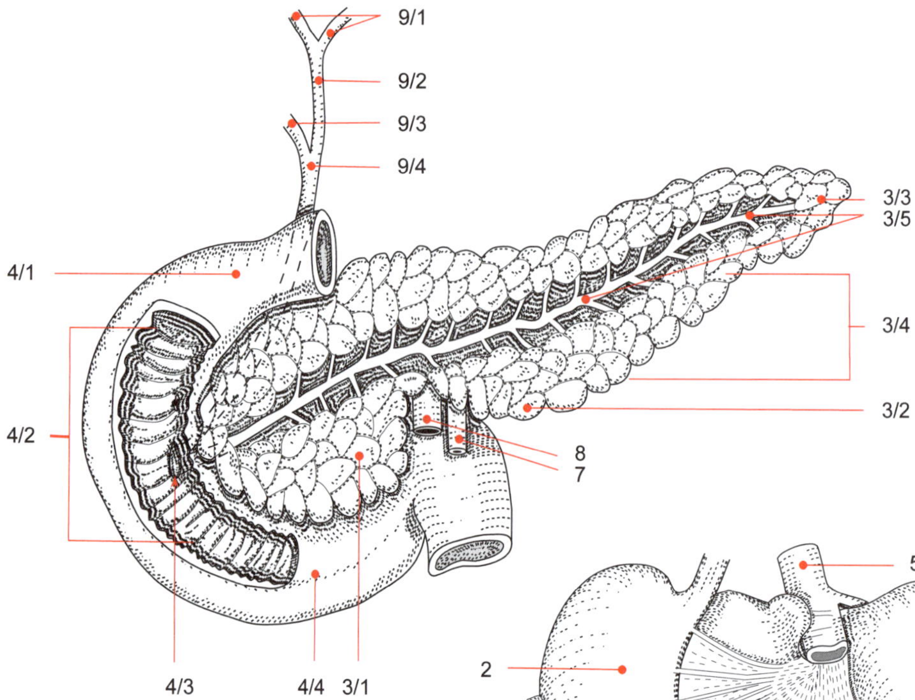

Abb. 22

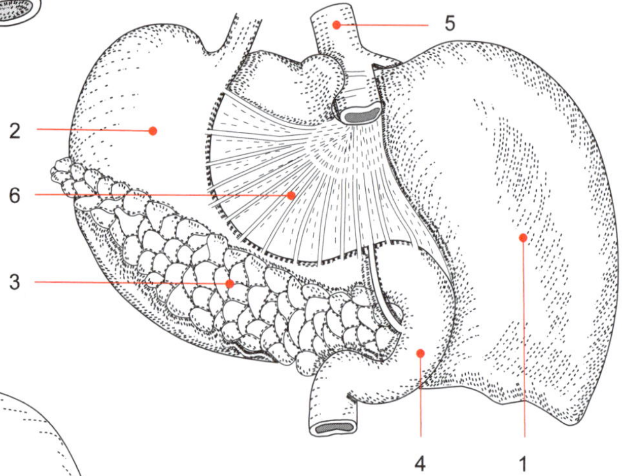

Abb. 23

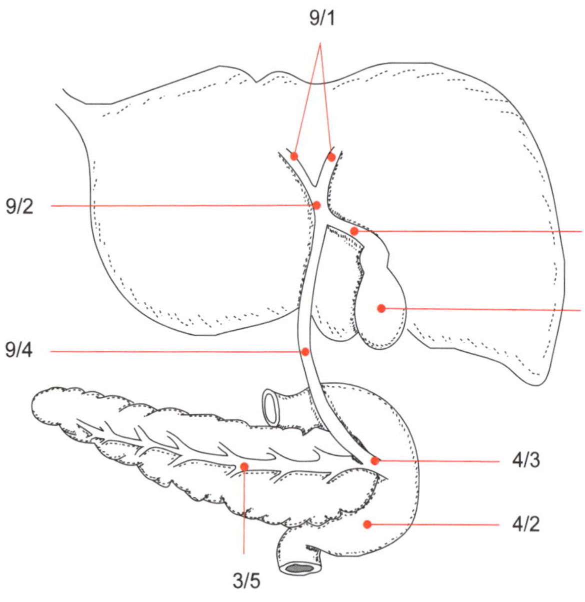

Abb. 24

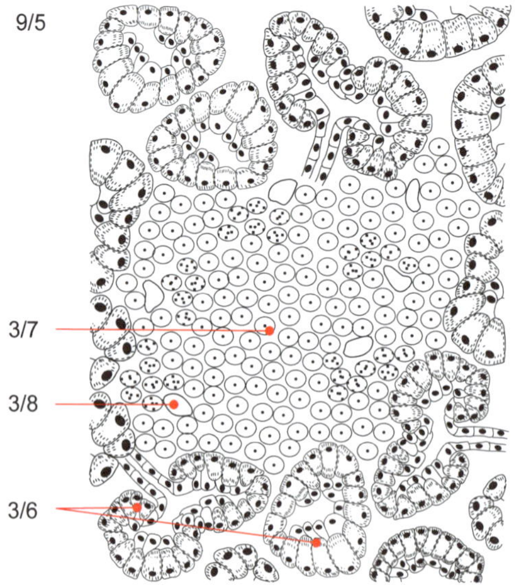

Abb. 25

Bauchspeicheldrüse und Gallengänge

Abb. 22
Abb. 23
Abb. 24
Abb. 25
1
2
3
3/1
3/2
3/3
3/4
3/5
3/6
3/7
3/8
4
4/1
4/2
4/3
4/4
5
6
7
8
9/1
9/2
9/3
9/4
9/5

Notizen:

Abb. 26

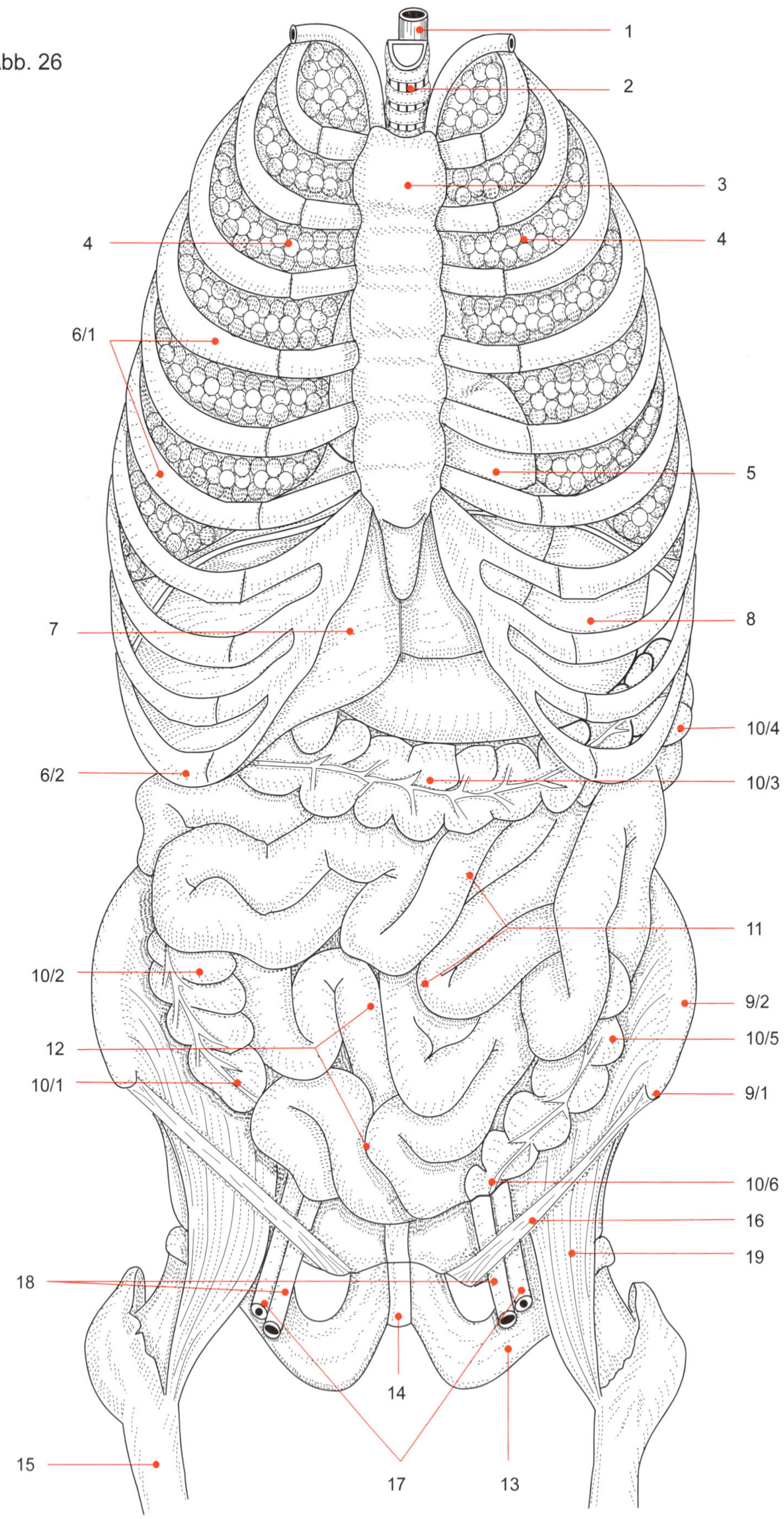

1
2
3
4
4
6/1
5
7
8
10/4
6/2
10/3
11
10/2
9/2
12
10/5
10/1
9/1
10/6
16
19
18
14
15
17
13

Verdauungssystem

Organübersicht

Abb. 26

1

2

3

4

5

6/1

6/2

7

8

9/1

9/2

10/1

10/2

10/3

10/4

10/5

10/6

11

12

13

14

15

16

17

18

19

Notizen:

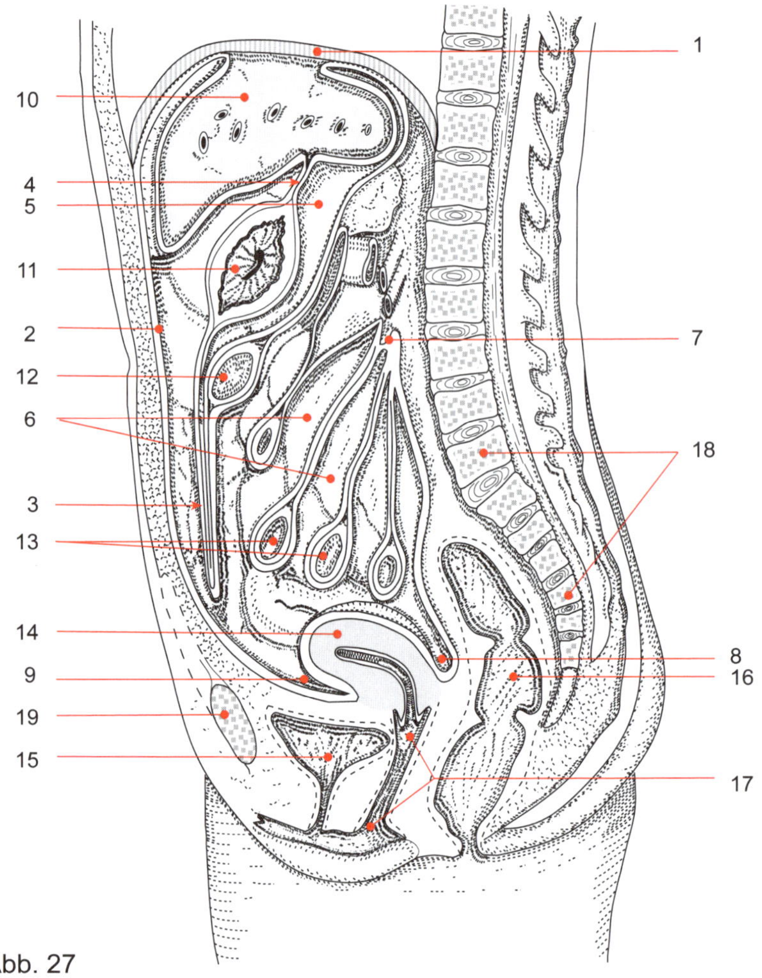

Abb. 27

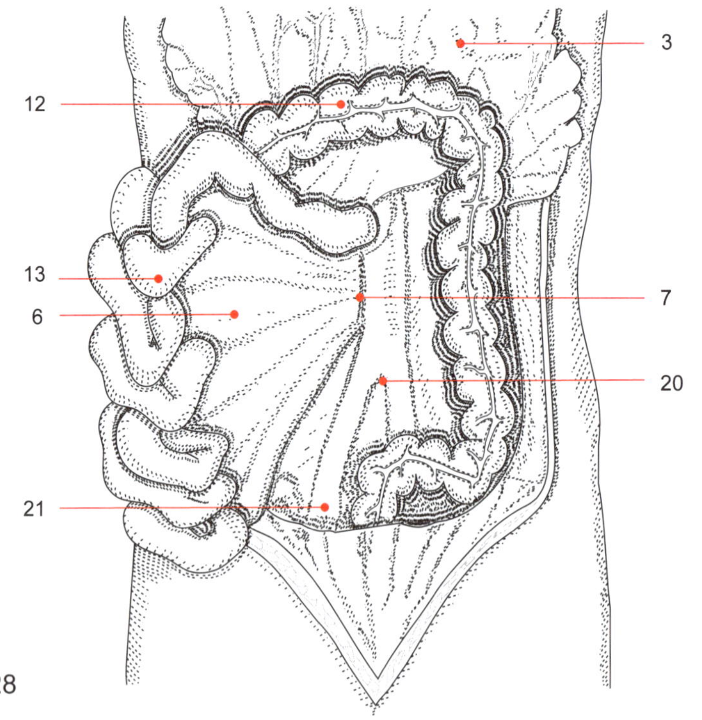

Abb. 28

Verdauungssystem

Bauchfell

Abb. 27–28

1
2
3
4
5
6
7
8
9
10
11
12
13
14
15
16
17
18
19
20
21

Notizen:

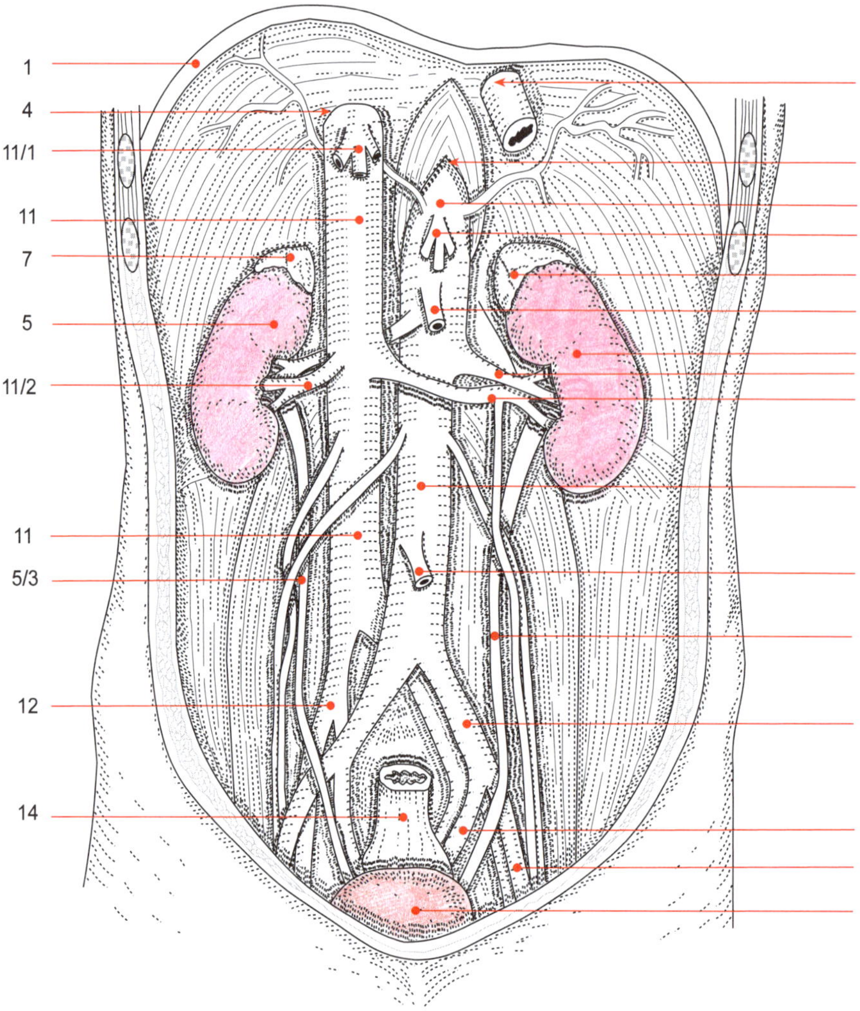
1
4
11/1
11
7
5
11/2
11
5/3
12
14
2
3
9
9/1
8
9/2
6
9/3
11/2
9
9/6
6/1
10
10/1
10/2
13

Abb. 1

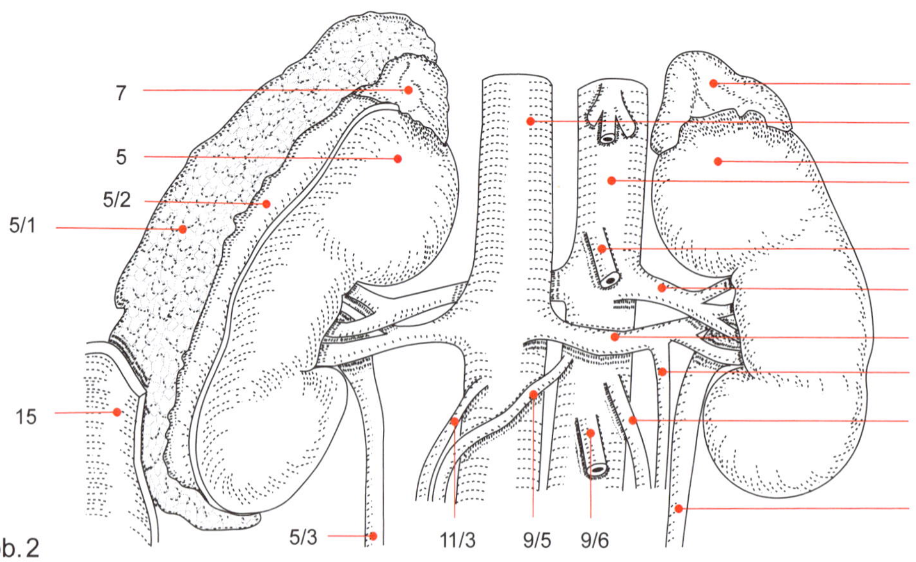
7
5
5/2
5/1
15
5/3
11/3
9/5
9/6
8
11
6
9
9/2
9/3
11/2
11/3
9/4
6/1

Abb. 2

Urogenitalsystem

Harnorgane (Lage und Übersicht)

Abb. 1
Abb. 2
1
2
3
4
5
5/1
5/2
5/3
6
6/1
7
8
9
9/1
9/2
9/3
9/4
9/5
9/6
10
10/1
10/2
11
11/1
11/2
11/3
12
13
14
15

Notizen:

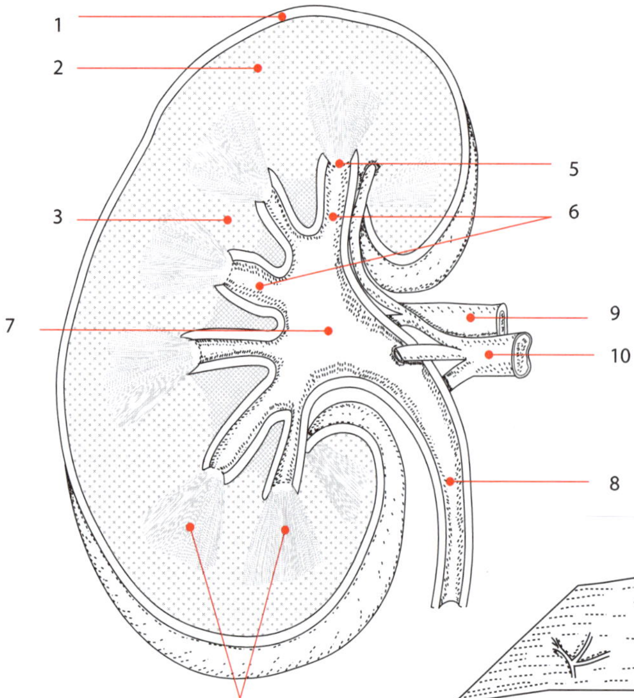

Abb. 3

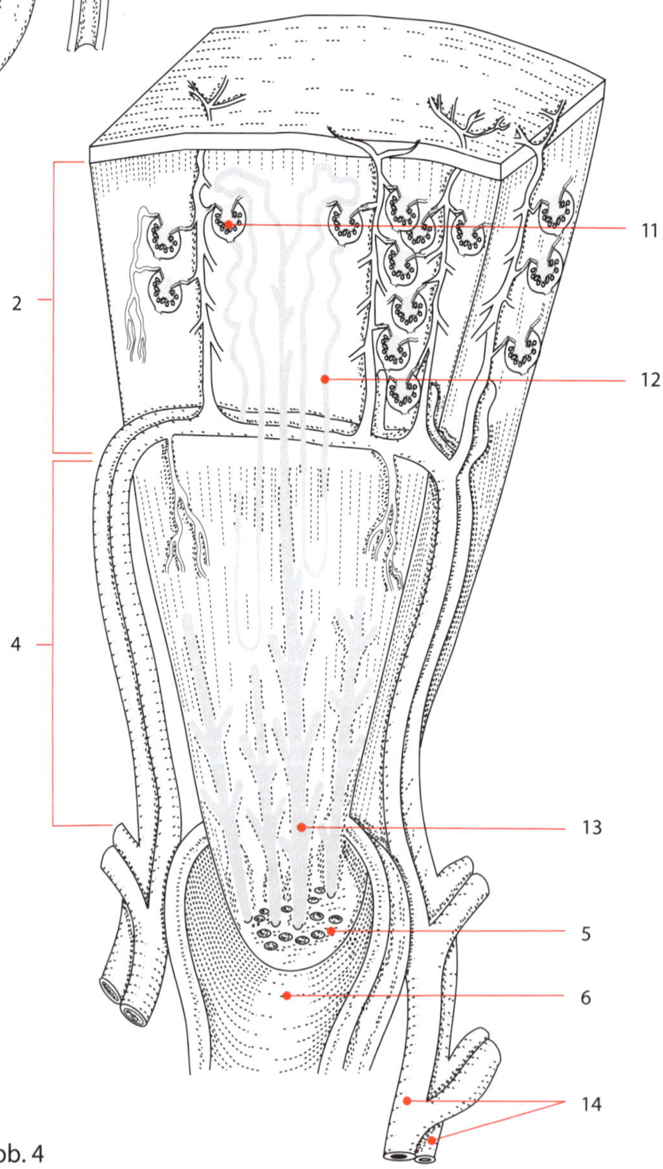

Abb. 4

Urogenitalsystem

Bau der Niere

Abb. 3
Abb. 4
1
2
3
4
5
6
7
8
9
10
11
12
13
14

Notizen:

Abb. 5

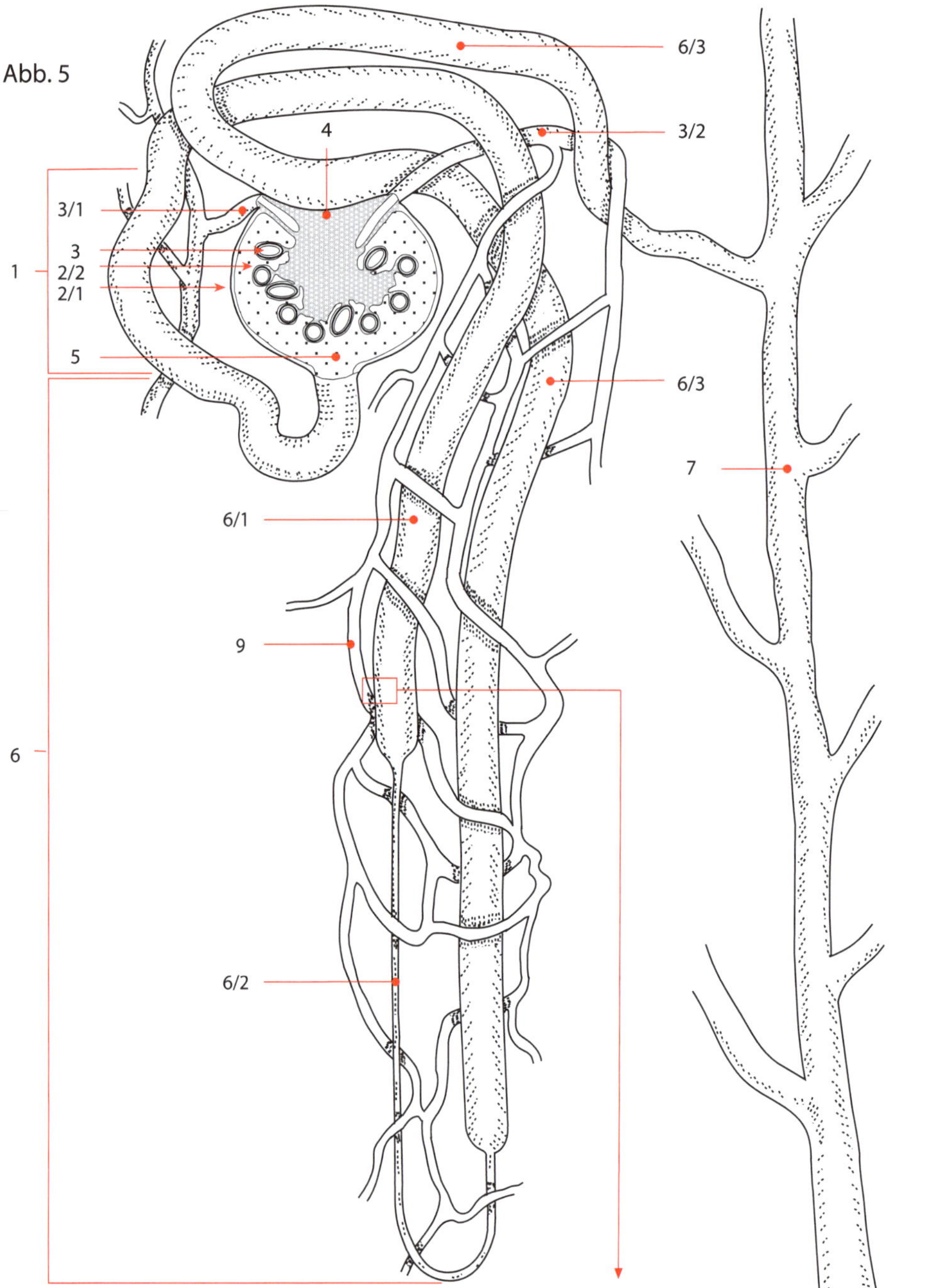

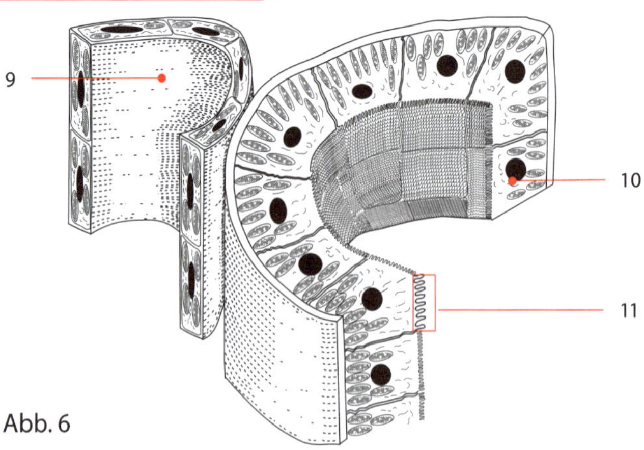

Abb. 6

Urogenitalsystem

Nephron

Abb. 5
Abb. 6
1
2/1
2/2
3
3/1
3/2
4
5
6
6/1
6/2
6/3
7
8
9
10
11

Notizen:

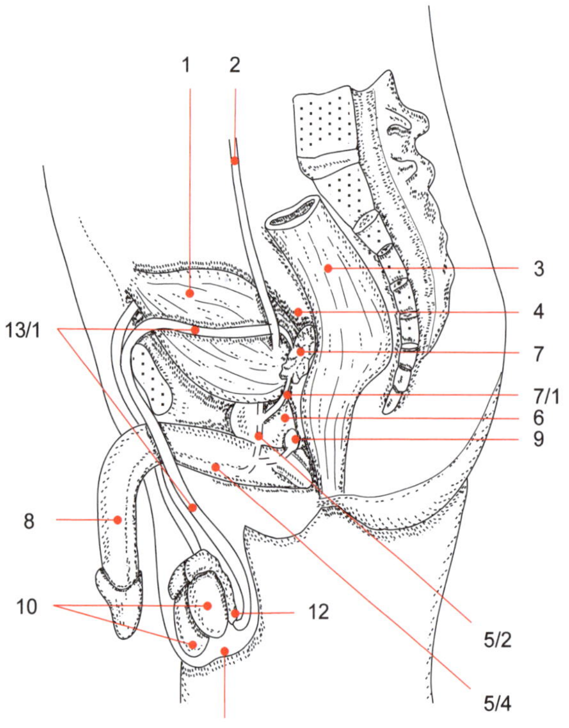

Abb. 7

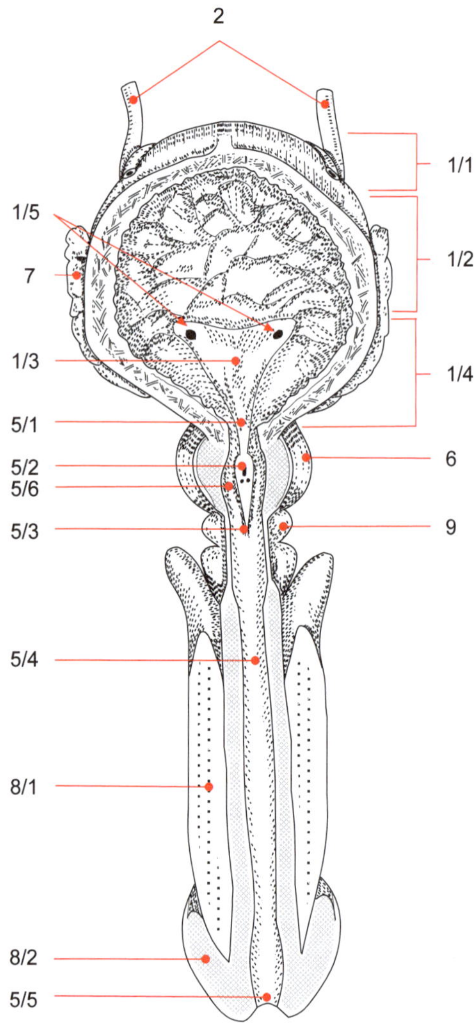

Abb. 8

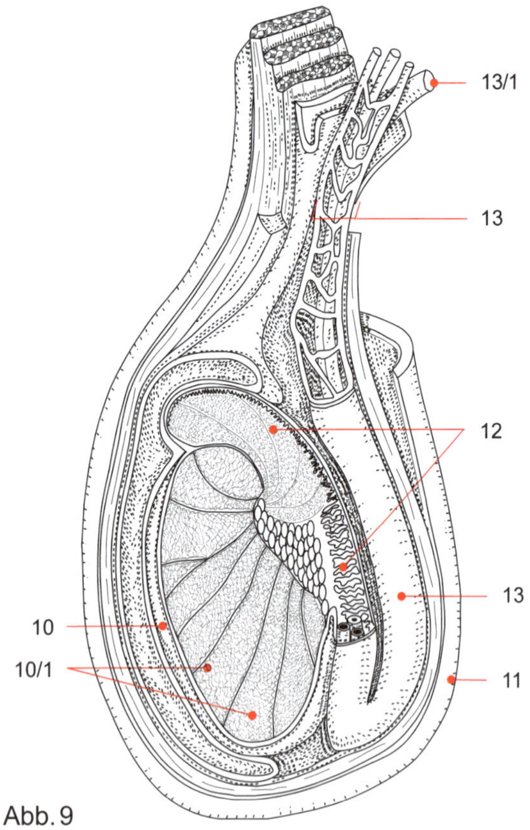

Abb. 9

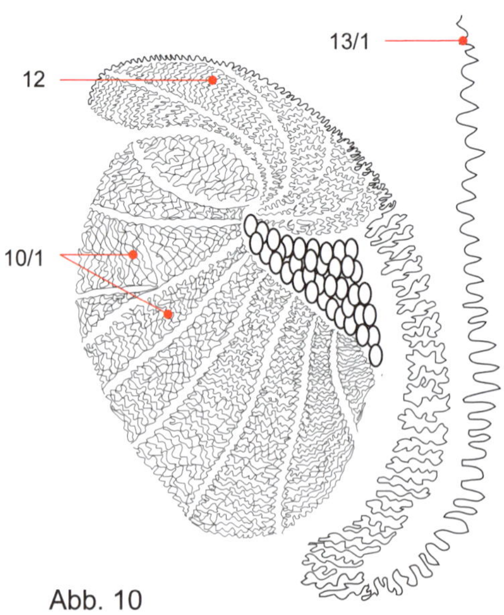

Abb. 10

Urogenitalsystem

Männliche Geschlechtsorgane

Abb. 7
Abb. 8–10
1
1/1
1/2
1/3
1/4
1/5
2
3
4
5/1
5/2
5/3
5/4
5/5
5/6
6
7
7/1
8
8/1
8/2
9
10
10/1
11
12
13
13/1

Notizen:

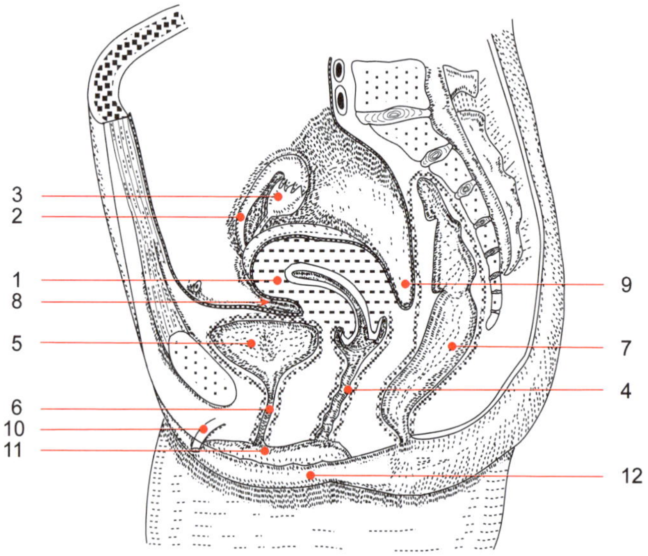

Abb. 11

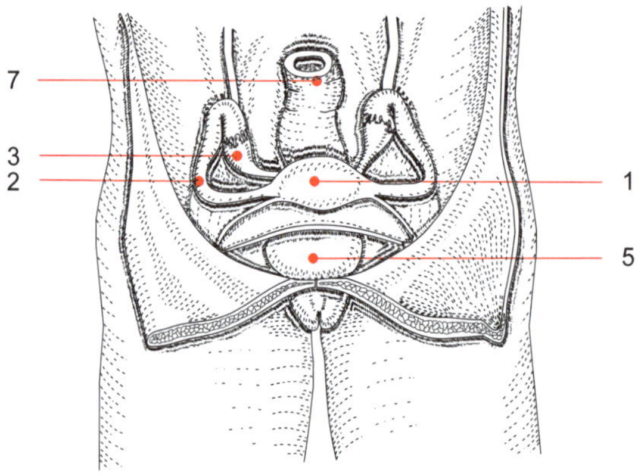

Abb. 12

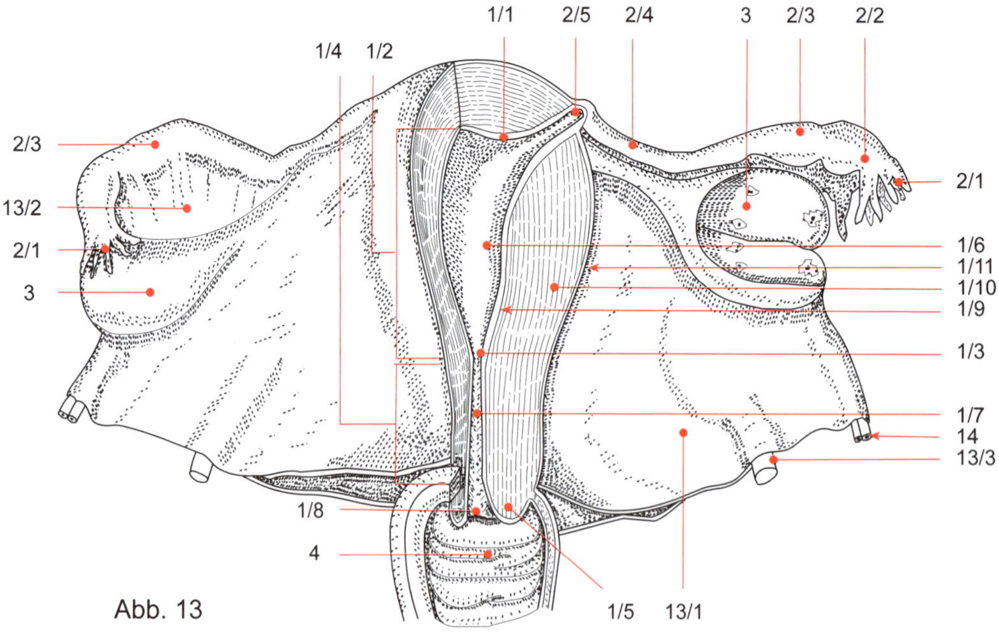

Abb. 13

Urogenitalsystem

Weibliche Geschlechtsorgane

Abb. 11 – 12

Abb. 13

1

1/1

1/2

1/3

1/4

1/5

1/6

1/7

1/8

1/9

1/10

1/11

2

2/1

2/2

2/3

2/4

2/5

3

4

5

6

7

8

9

10

11

12

13/1

13/2

13/3

14

Notizen:

Abb. 1

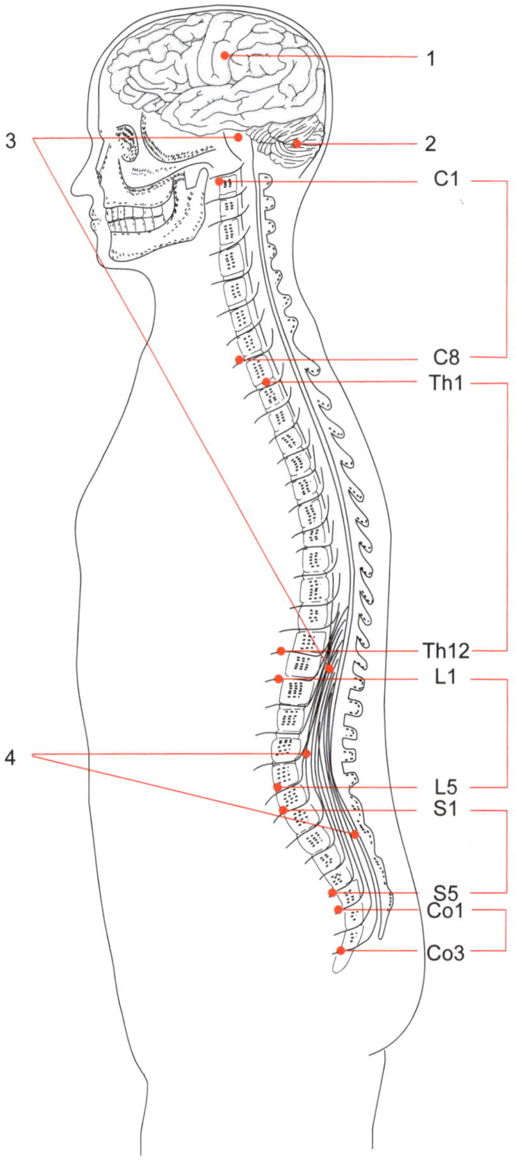

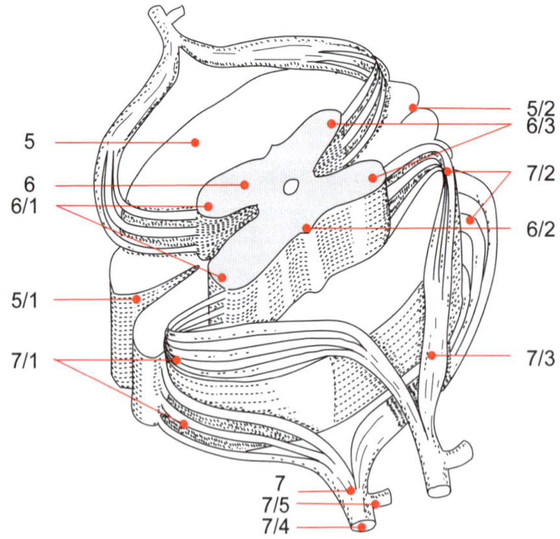

Abb. 2

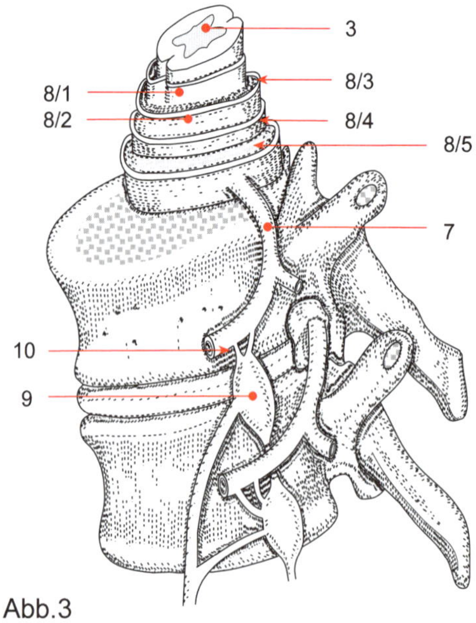

Abb.3

Nervensystem

Rückenmark (Gliederung, Bau und Lage)

Abb. 1
Abb. 2
Abb. 3
1
2
3
4
5
5/1
5/2
6
6/1
6/2
6/3
7
7/1
7/2
7/3
7/4
7/5
8/1
8/2
8/3
8/4
8/5
9
10

Notizen:

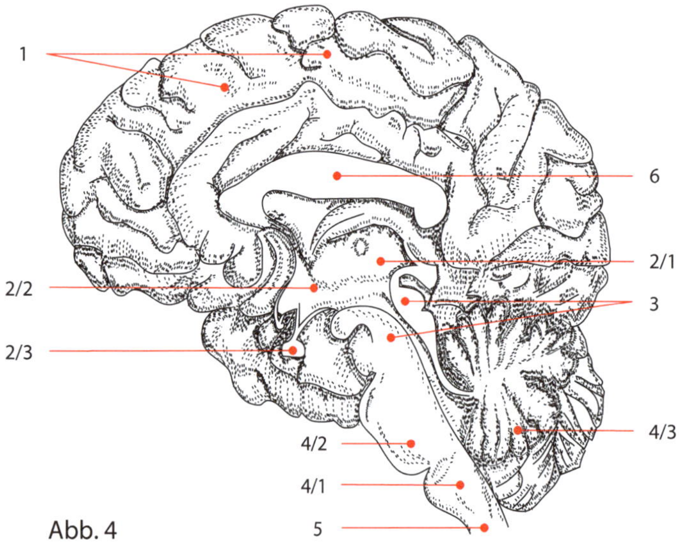

Abb. 4

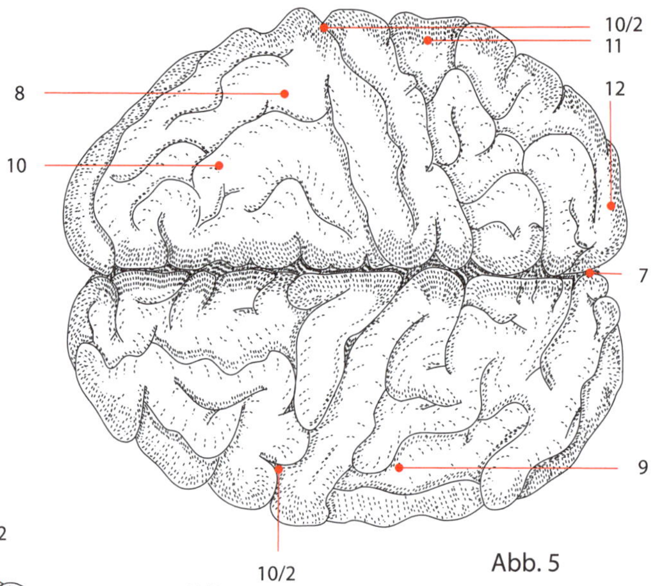

Abb. 5

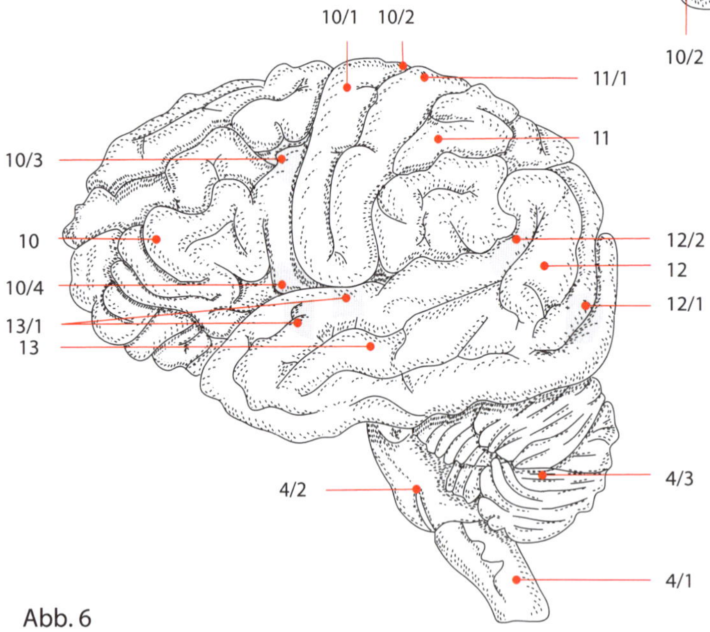

Abb. 6

Nervensystem

Gehirn (Abschnitte und Zentren)

Abb. 4
Abb. 5
Abb. 6
1
2/1
2/2
2/3
3
4/1
4/2
4/3
5
6
7
8
9
10
10/1
10/2
10/3
10/4
11
11/1
12
12/1
12/2
13
13/1

Notizen:

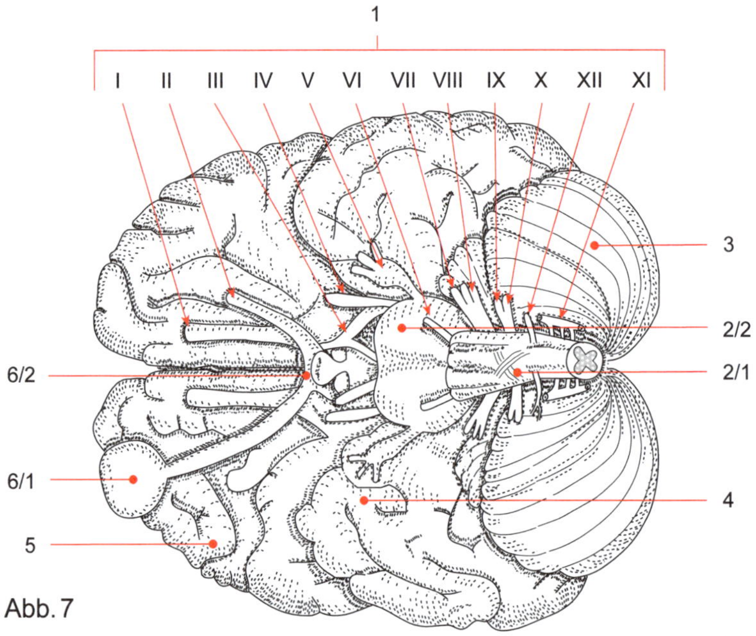

Abb. 7

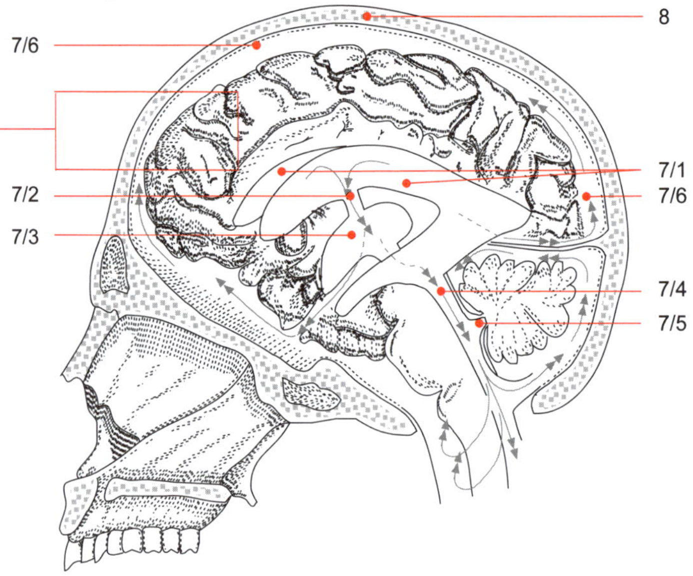

Abb. 8

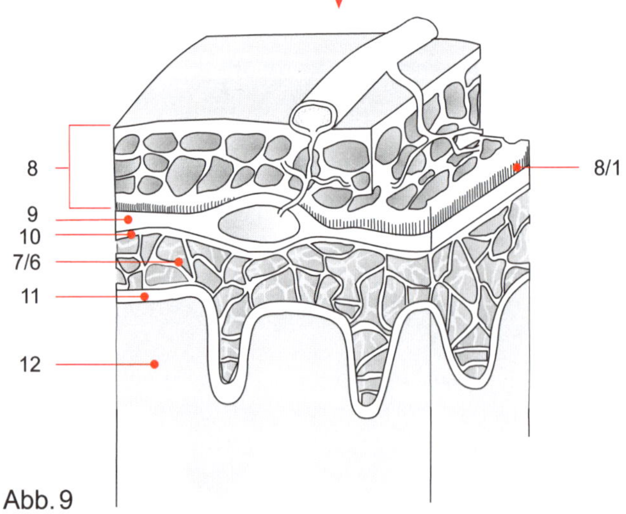

Abb. 9

Nervensystem

Hirnbasis mit Hirnnerven

Abb. 7
Abb. 8
Abb. 9
1
2/1
2/2
3
4
5
6/1
6/2
7/1
7/2
7/3
7/4
7/5
7/6
8
8/1
9
10
11
12

Notizen:

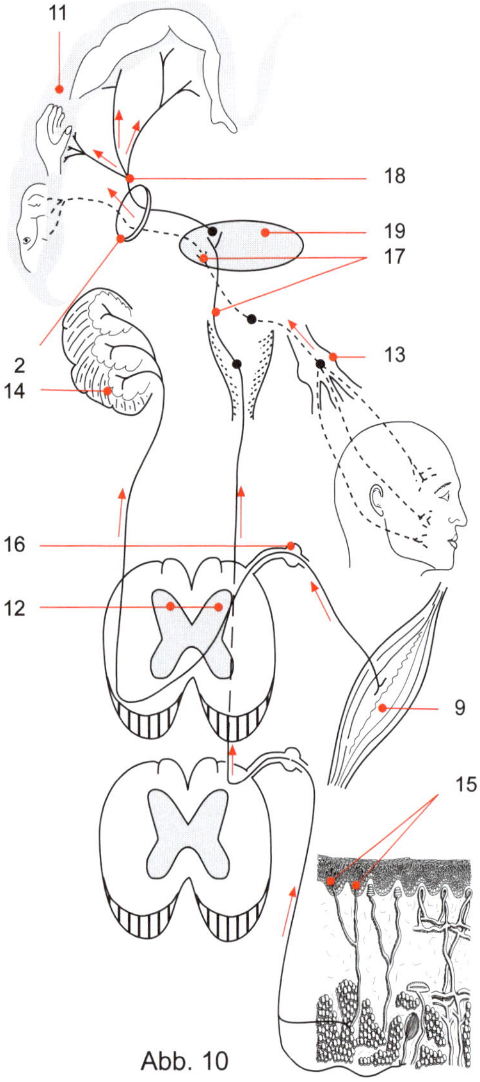

Abb. 10

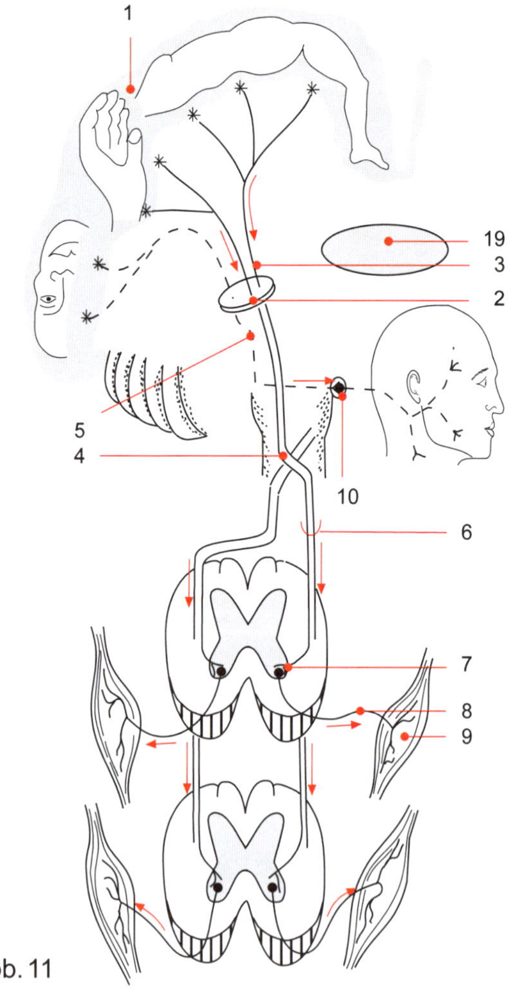

Abb. 11

Sensible und motorische Leitungsbahnen

Abb. 10

Abb. 11

1

2

3

4

5

6

7

8

9

10

11

12

13

14

15

16

17

18

19

Notizen:

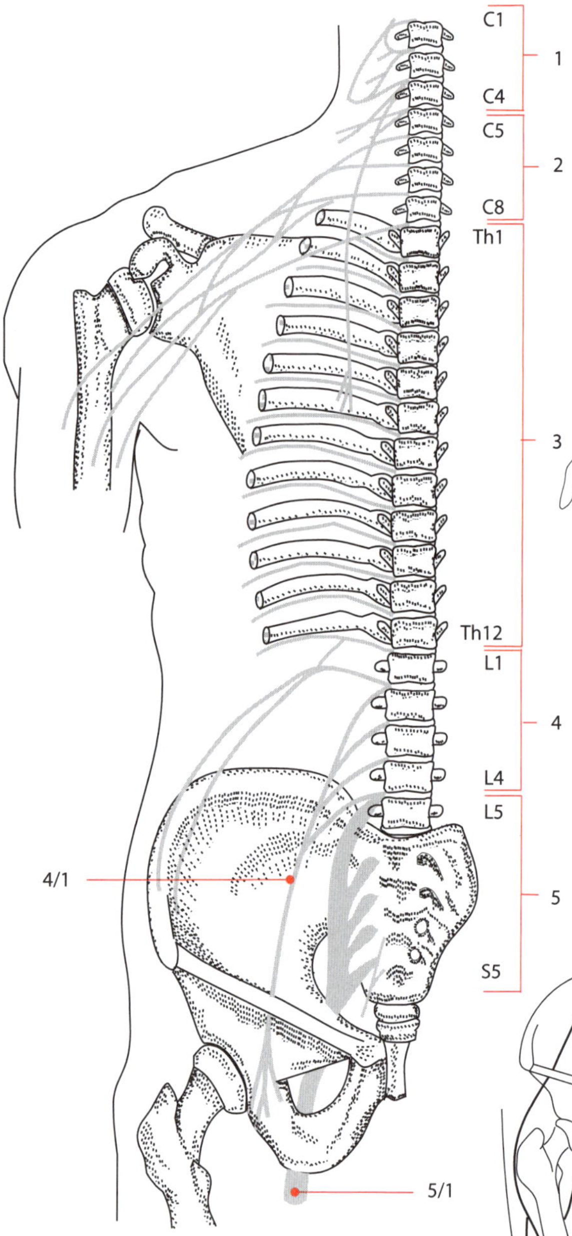

Abb. 12

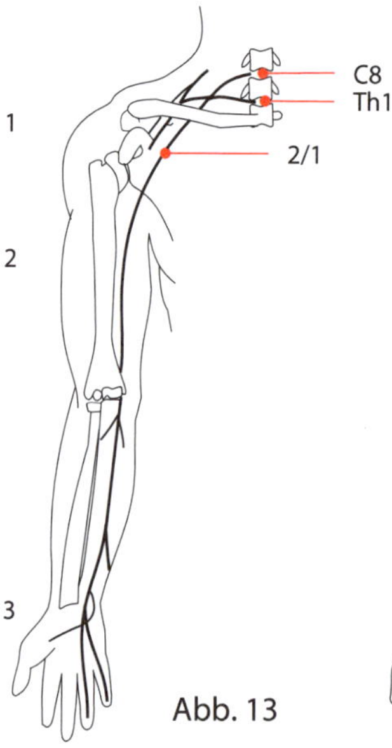

Abb. 13

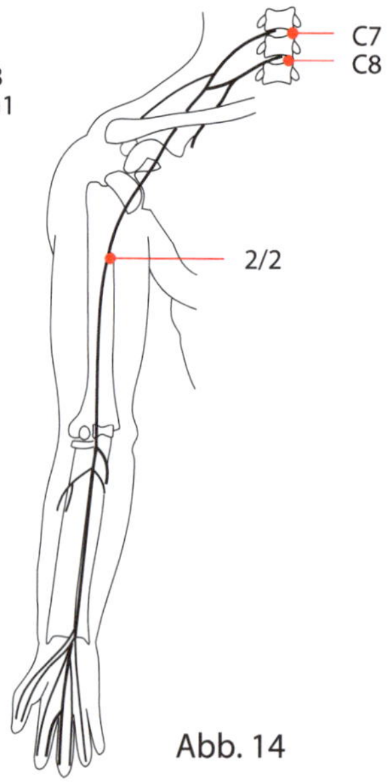

Abb. 14

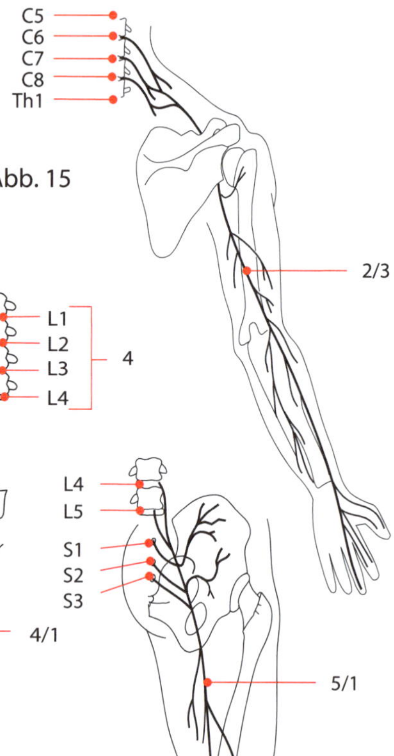

Abb. 15

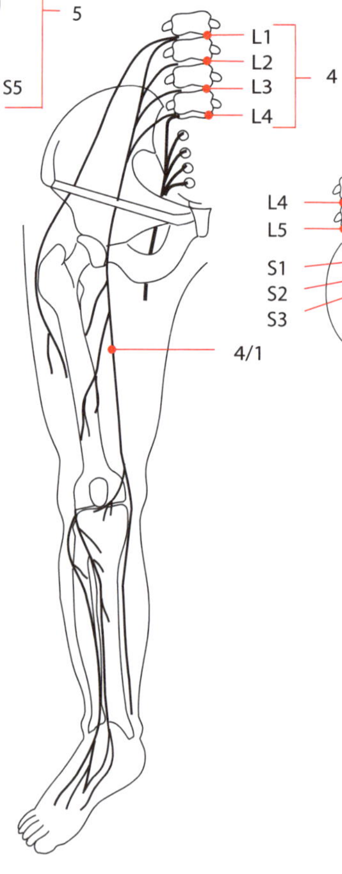

Abb. 16

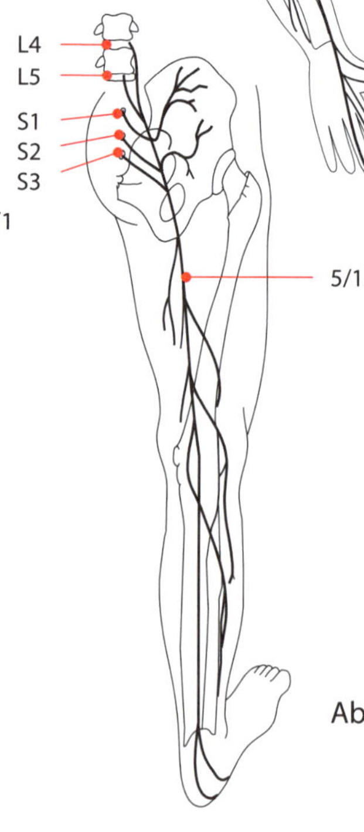

Abb. 17

Nervensystem

Rückenmarksegmente und Nerven

Abb. 12 – 17

1

2

2/1

2/2

2/3

3

4

4/1

5

5/1

Notizen:

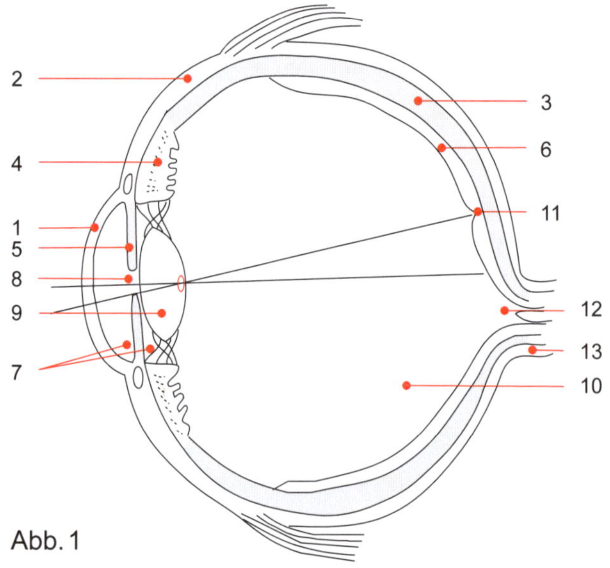

Abb. 1

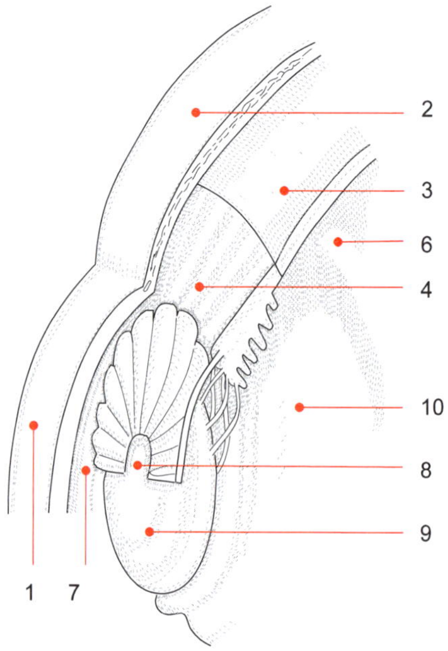

Abb. 2

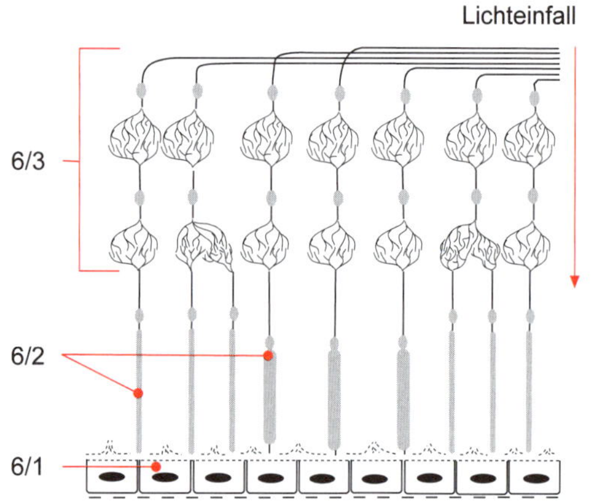

Abb. 3

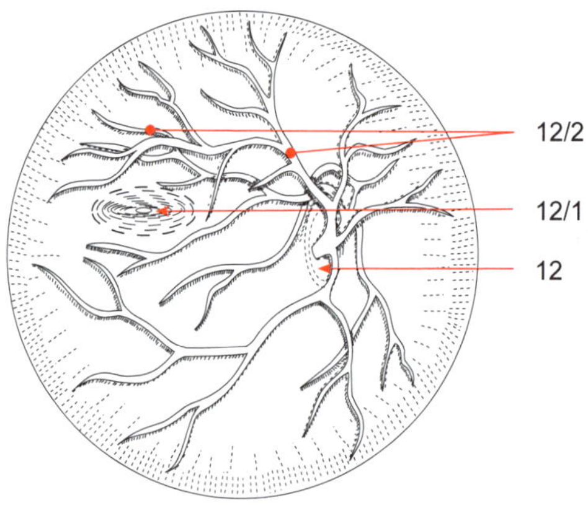

Abb. 4

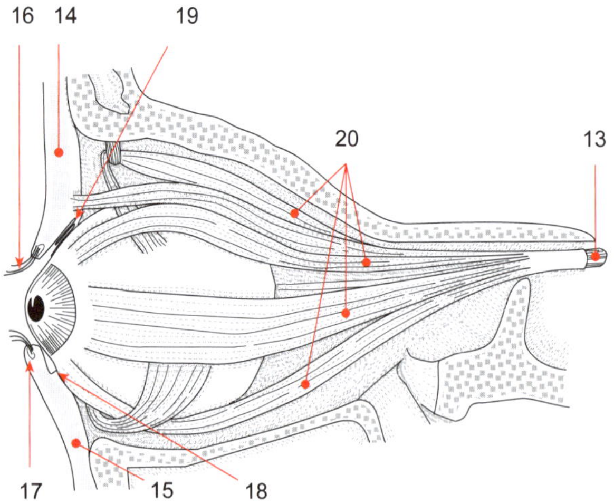

Abb. 5

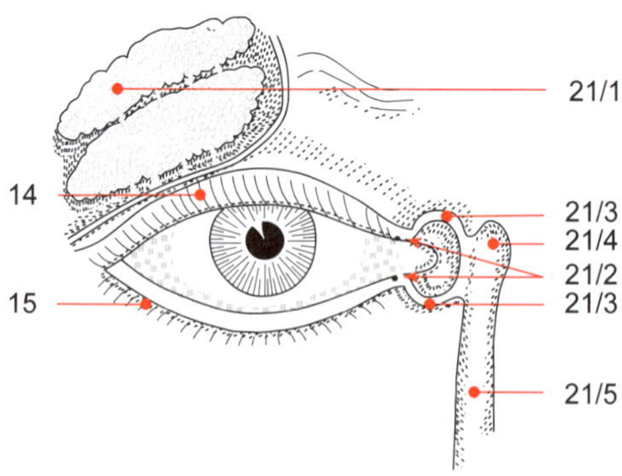

Abb. 6

Sinnesorgane

Sehorgan

Abb. 1–2
Abb. 3
Abb. 4
Abb. 5–6
1
2
3
4
5
6
6/1
6/2
6/3
7
8
9
10
11
12
12/1
12/2
13
14
15
16
17
18
19
20
21/1
21/2
21/3
21/4
21/5

Notizen:

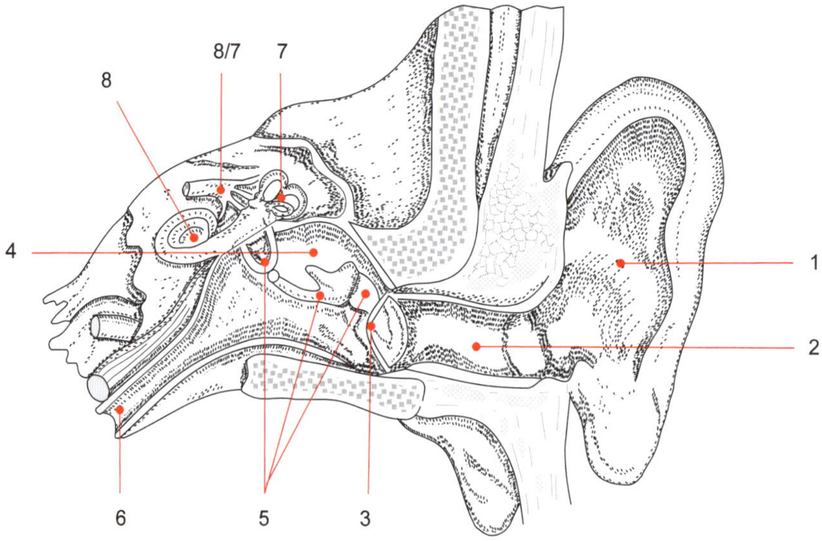

Abb. 7

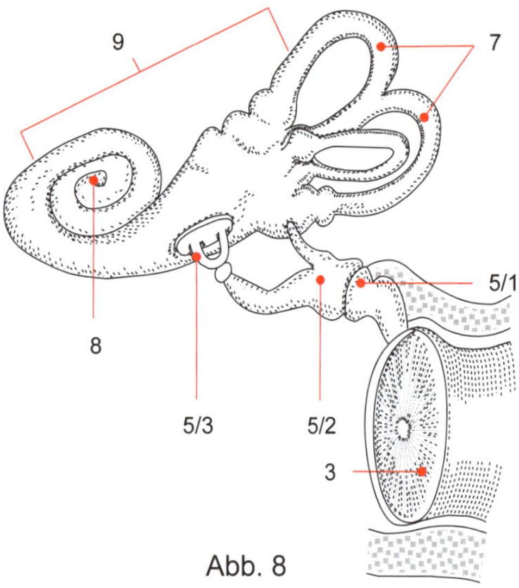

Abb. 8

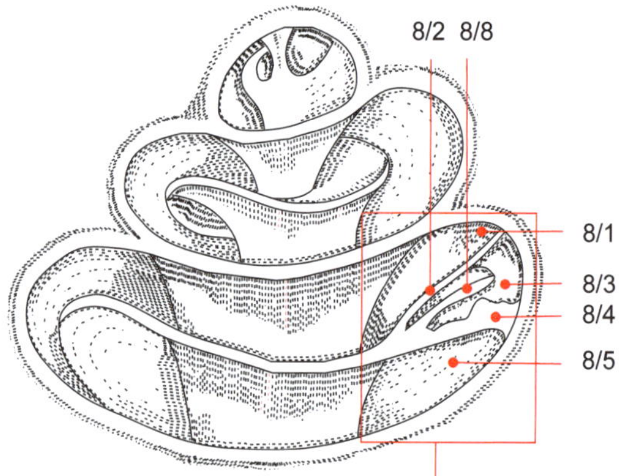

Abb. 9

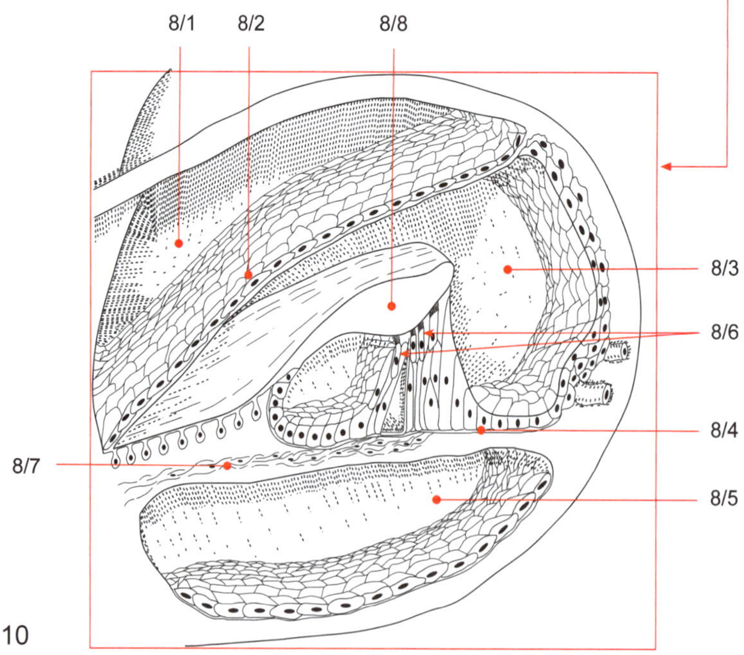

Abb. 10

Sinnesorgane

Hörorgan

Abb. 7
Abb. 8
Abb. 9–10
1
2
3
4
5
5/1
5/2
5/3
6
7
8
8/1
8/2
8/3
8/4
8/5
8/6
8/7
8/8
9

Notizen:

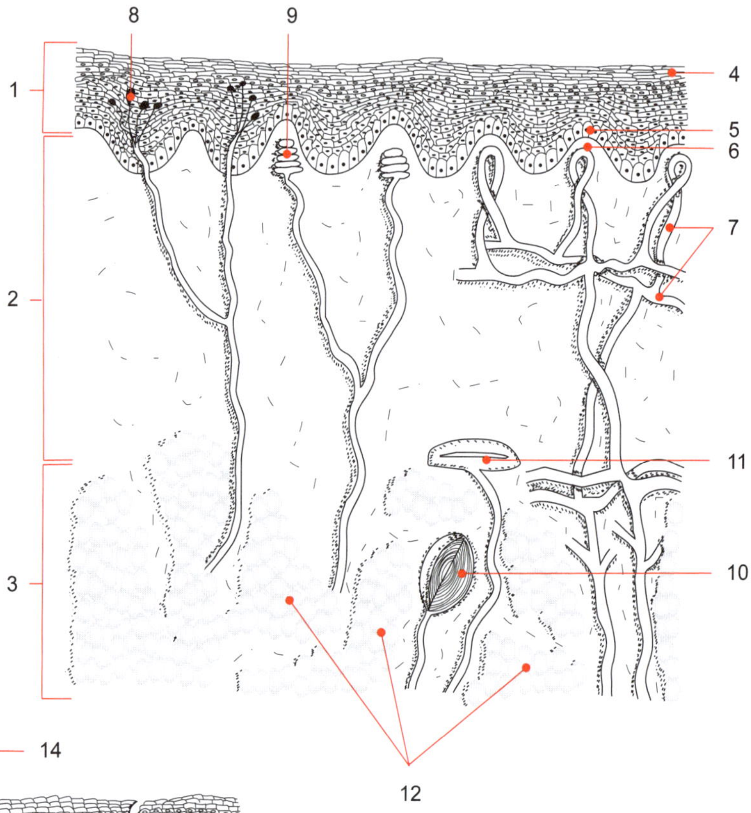

Abb. 1

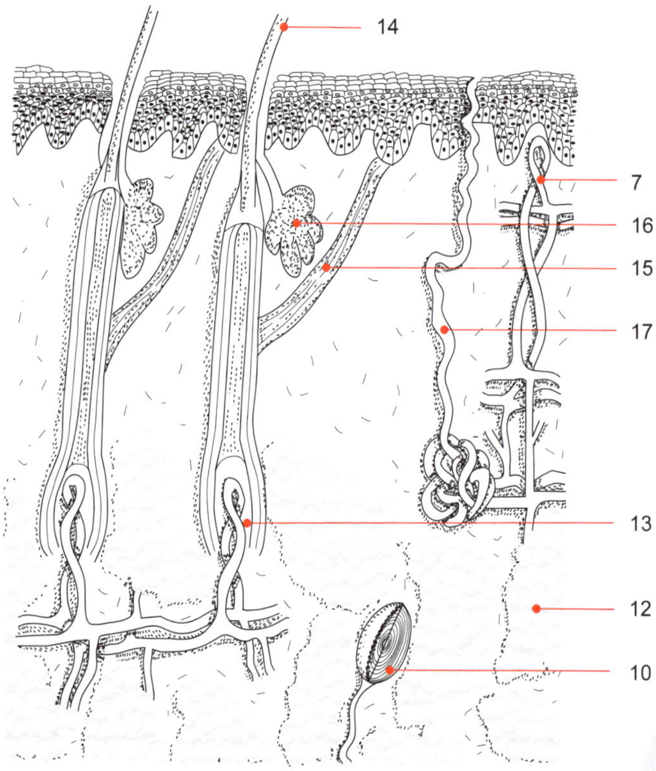

Abb. 2

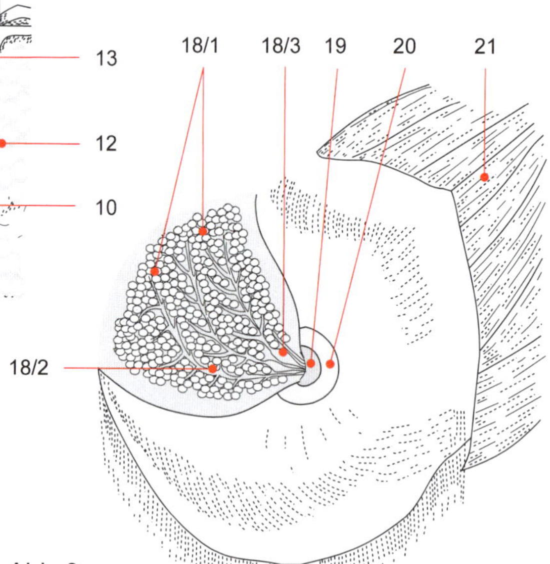

Abb. 3

Haut und Anhangsgebilde

Haut- und Anhangsgebilde

Abb. 1 – 2
Abb. 3
1
2
3
4
5
6
7
8
9
10
11
12
13
14
15
16
17
18/1
18/2
18/3
19
20
21

Notizen:

Notizen